MATHEMATIK
Arbeitsheft

Erarbeitet von
Horst Erdmann und
Carmen Damaris Pilnei

Diesterweg

Inhaltsverzeichnis

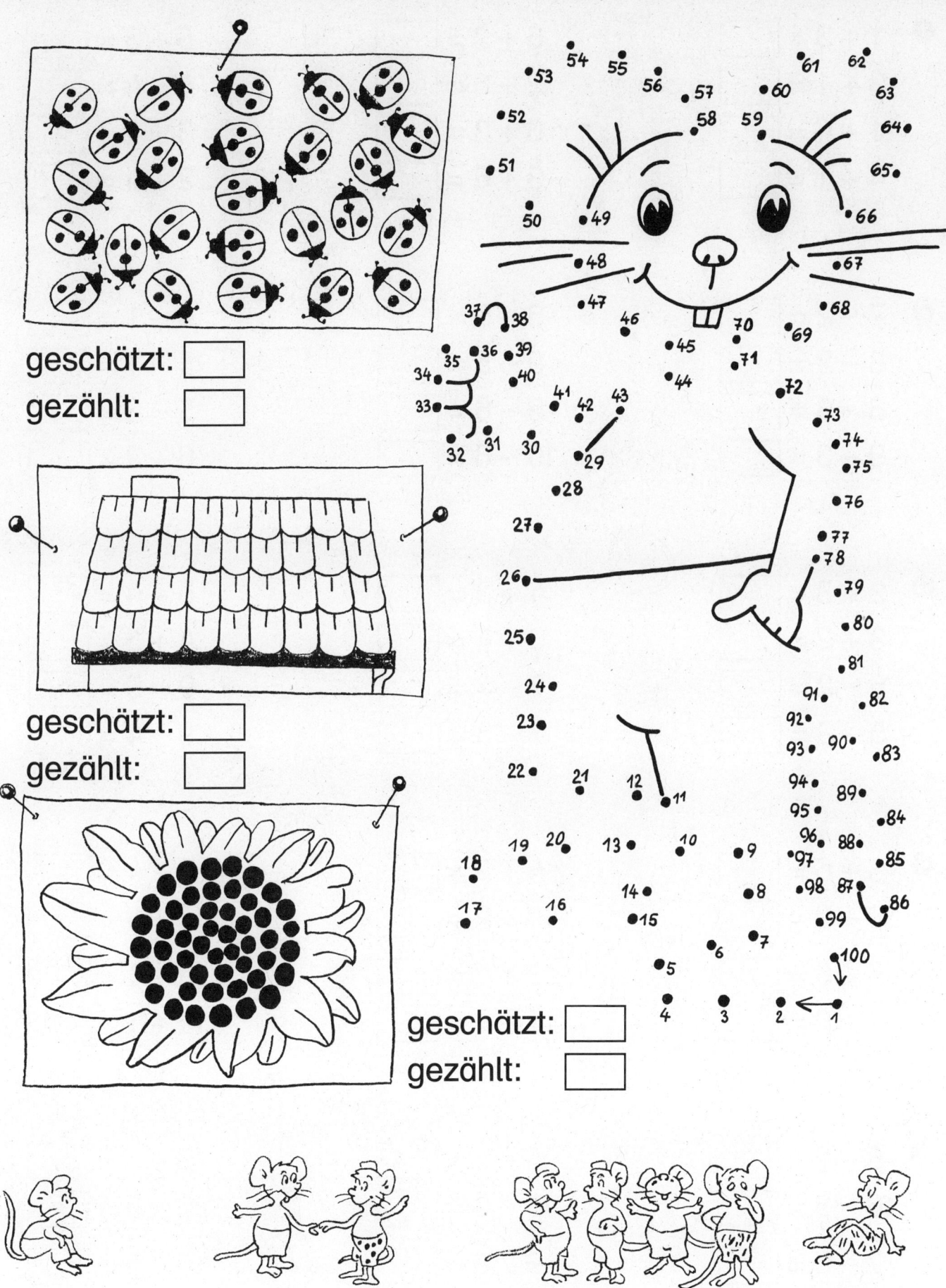

geschätzt:
gezählt:

geschätzt:
gezählt:

geschätzt:
gezählt:

Wir begleiten dich durch das 2. Schuljahr!

Plus- und Minusrechnen bis 20 ohne Zehnerübergang

❶

1 + 3 = ☐   6 + 2 = ☐   5 + 3 = ☐

3 + 1 = ☐   2 + 6 = ☐   4 + 4 = ☐

1 + 4 = ☐   6 + 3 = ☐   3 + 4 = ☐

4 + 1 = ☐   3 + 6 = ☐   2 + 4 = ☐

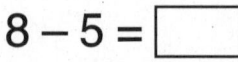

❷

7 − 2 = ☐   8 − 5 = ☐   4 − 1 = ☐

8 − 2 = ☐   9 − 5 = ☐   5 − 1 = ☐

8 − 3 = ☐   9 − 6 = ☐   5 − 2 = ☐

9 − 3 = ☐   10 − 6 = ☐   6 − 2 = ☐

❸

2 + 3 = ☐   4 + 3 = ☐   5 + 4 = ☐

3 + 2 = ☐   3 + 4 = ☐   4 + 5 = ☐

5 − 2 = ☐   7 − 4 = ☐   9 − 5 = ☐

5 − 3 = ☐   7 − 3 = ☐   9 − 4 = ☐

❹

3 + 6 = ☐   4 + 2 = ☐   6 + 4 = ☐

13 + 6 = ☐   14 + 2 = ☐   16 + 4 = ☐

5 + 0 = ☐   2 + 7 = ☐   9 + 1 = ☐

15 + 0 = ☐   12 + 7 = ☐   19 + 1 = ☐

❺

6 − 3 = ☐   8 − 2 = ☐   10 − 5 = ☐

16 − 3 = ☐   18 − 2 = ☐   20 − 5 = ☐

7 − 5 = ☐   9 − 8 = ☐   10 − 0 = ☐

17 − 5 = ☐   19 − 8 = ☐   20 − 0 = ☐

Plus- und Minusrechnen bis 20 ohne Zehnerübergang

❶ 10 + ☐ = 15
10 + ☐ = 13
10 + ☐ = 16
10 + ☐ = 14
10 + ☐ = 17
10 + ☐ = 12
10 + ☐ = 18

❷ 9 + ☐ = 10
3 + ☐ = 10
5 + ☐ = 10
1 + ☐ = 10
4 + ☐ = 10
10 + ☐ = 10
0 + ☐ = 10

❸ 12 + ☐ = 20
16 + ☐ = 20
18 + ☐ = 20
14 + ☐ = 20
15 + ☐ = 20
19 + ☐ = 20
13 + ☐ = 20

❹ 10 − 2 = ☐
10 − 5 = ☐
10 − 4 = ☐
10 − 3 = ☐
10 − 1 = ☐
10 − 6 = ☐
10 − 8 = ☐

❺ 10 − ☐ = 8
10 − ☐ = 5
10 − ☐ = 6
10 − ☐ = 1
10 − ☐ = 3
10 − ☐ = 10
10 − ☐ = 0

❻ 20 − ☐ = 18
20 − ☐ = 16
20 − ☐ = 15
20 − ☐ = 17
20 − ☐ = 14
20 − ☐ = 13
20 − ☐ = 20

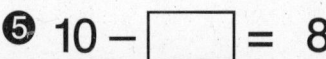

❼ 13 + 4 = ☐
15 + 2 = ☐
12 + 6 = ☐
17 + 2 = ☐
14 + 4 = ☐
11 + 5 = ☐
16 + 2 = ☐

❽ 18 − 4 = ☐
13 − 0 = ☐
16 − 3 = ☐
19 − 5 = ☐
14 − 4 = ☐
17 − 4 = ☐
15 − 3 = ☐

❾ 12 + ☐ = 19
15 − ☐ = 11
13 + ☐ = 15
18 − ☐ = 11
16 + ☐ = 16
19 − ☐ = 10
14 + ☐ = 17

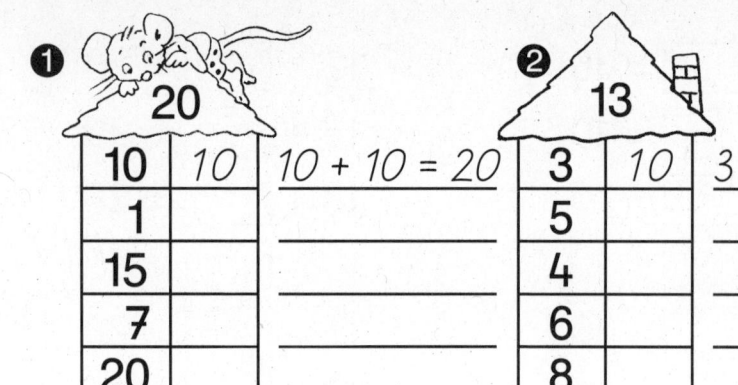

❶

20	
10	*10*
1	
15	
7	
20	

10 + 10 = 20

❷

13	
3	*10*
5	
4	
6	
8	

3 + 10 = 13

❸

16	
10	6
	7
	9
	8
	5

10 + 6 = 16

❹ 15 → +4 → □ → −7 → □ → +4 → □ → −9 → □ → ○ → □ → ○ → 20

❺

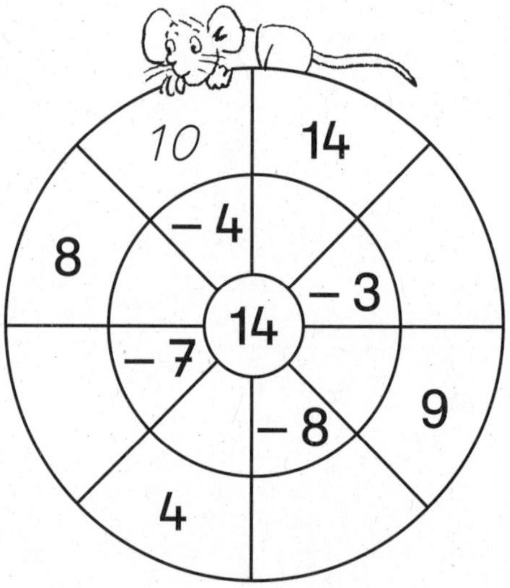

Zahlenrad: Mitte 14, Ring: −4, −3, −8, −7; außen: *10*, 14, −3, 9, 4, 8

❻

Zahlenrad: Mitte 6, Ring: +10, +4, +0, +8, +9; außen: 10, 13, 11, 12

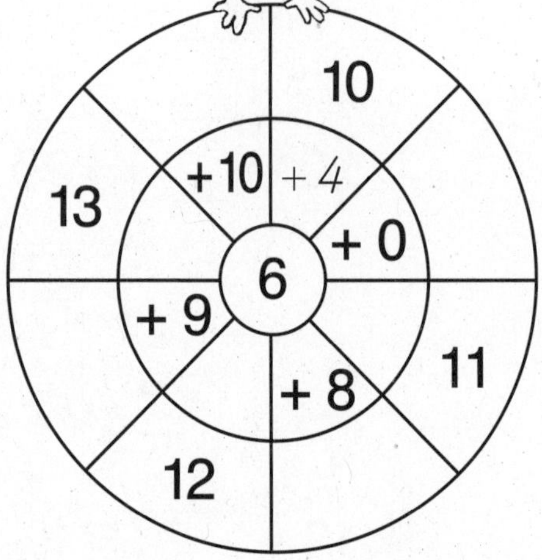

Vergleiche dein Ergebnis mit den Lösungen deiner Mitschüler.

❼

+	3	6	5	7	9
5					
6					
10					
9					

❽

−	3	5	6	8	0
8					
10					
11					
13					

❶

Lege eine Zahlenkarte so auf einen anderen Stapel, dass die Summe jeweils 15 beträgt.

Lösung: ☐ auf Stapel ◯

❷

Sortiere wieder eine Zahlenkarte so um, dass die Summe in jedem Stapel gleich ist.

Lösung: ☐ auf Stapel ◯

Summe: _____

❸ Regel: zusammen immer 15:

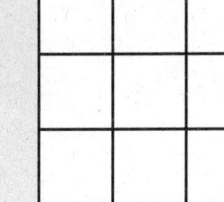

Trage die Zahlen 1, 2, 3, 4, 5, 6, 7, 8, 9 so ein, dass die Regel stimmt.

❹ Sortiere die Zahlen 1, 2, 3, 4, 5, 6, 7, 8, 9 so ein, dass die Zahlen an jeder Seite zusammen 20 ergeben.

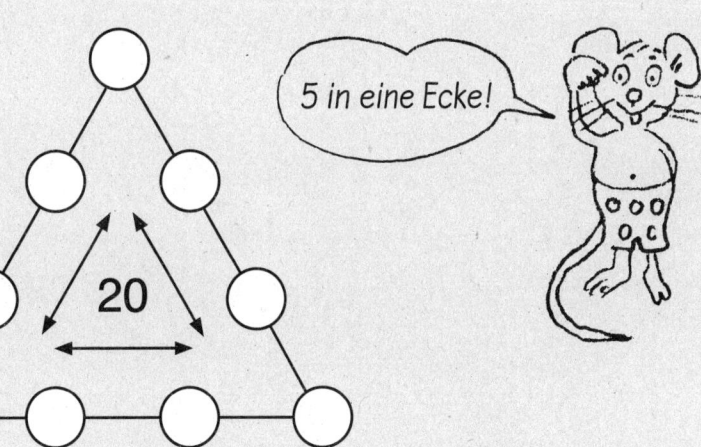

5 in eine Ecke!

Fasse immer 10 zusammen.

❶ ☐ Z ❷ ☐ Z

❸ ☐ Z ❹ ☐ Z

❺ ☐ Z ❻ ☐ Z

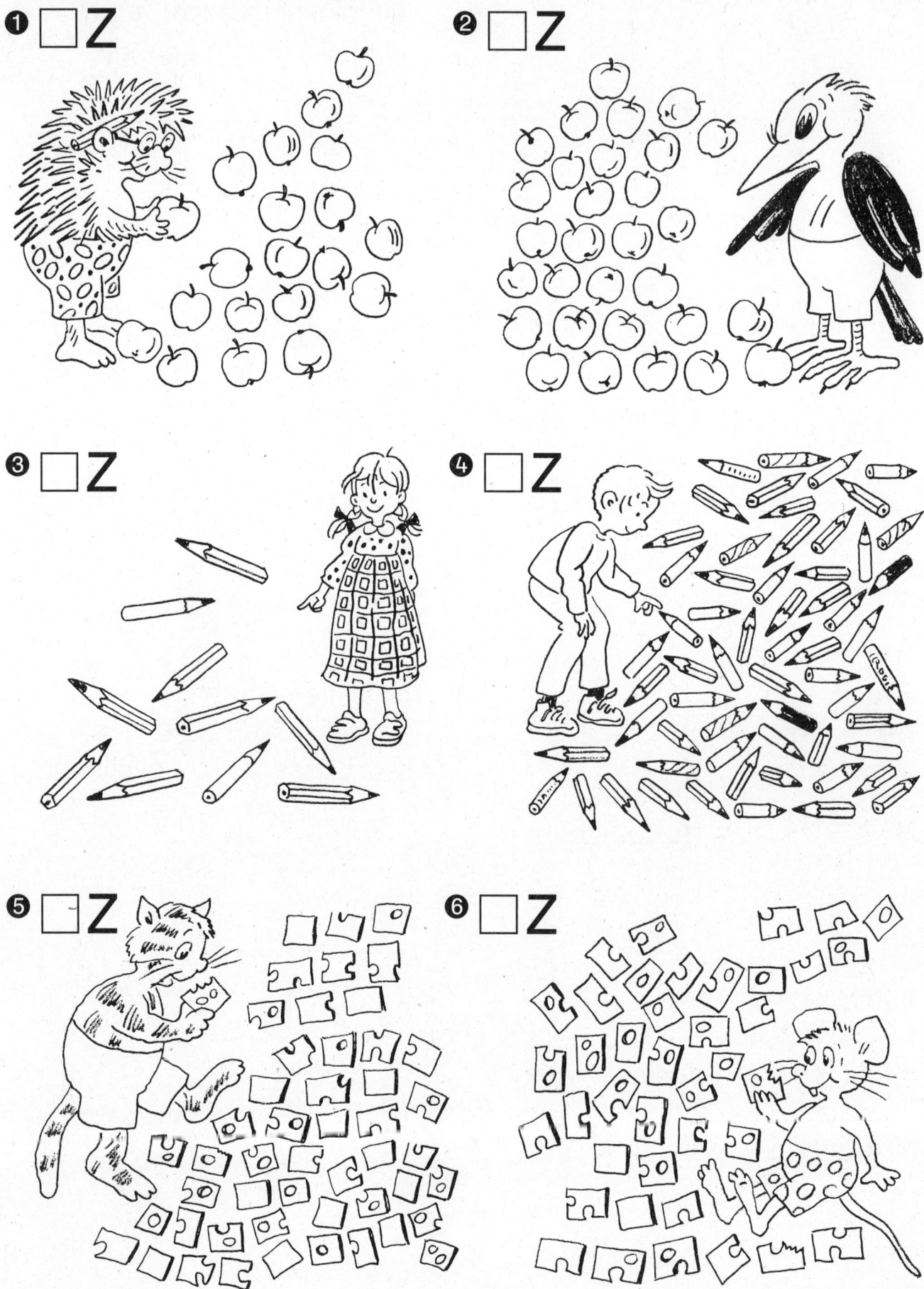

Zehner und Einer

❶

Zehner	übrige Einer
Z	E

❷

Z	E

❸

Z	E

❹

Z	E

❺

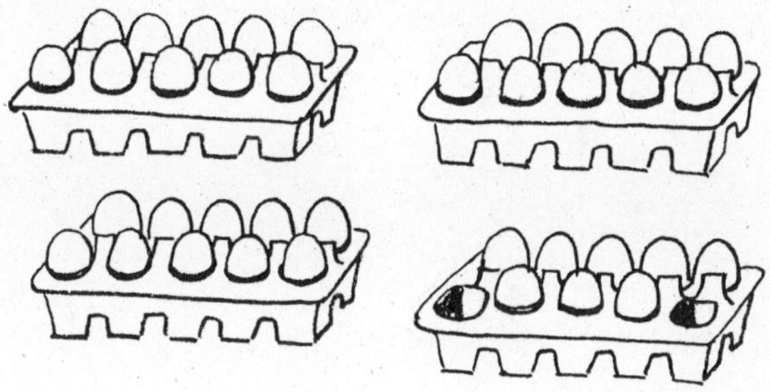

Z	E

❻

Z	E

9

❶ Wie viele Zehner, wie viele Einer?

Z	E

Z	E

Z	E

❷

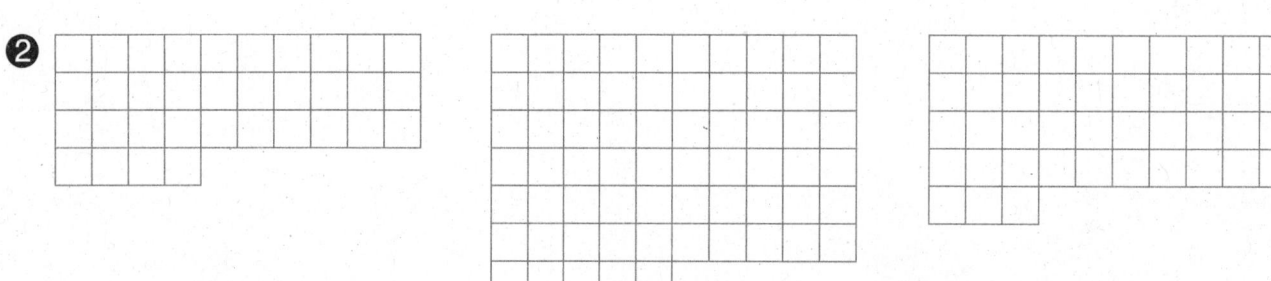

Z	E

Z	E

Z	E

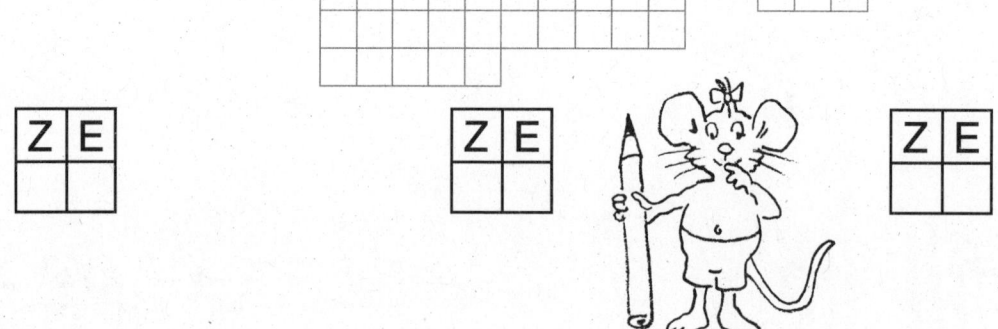

❸

Z	E	
3	2	32
4	8	
2	0	
5	1	
8	4	
6	7	
7	9	

❹
4 Z 6 E = ☐
3 Z 1 E = ☐
7 Z 5 E = ☐
5 Z 7 E = ☐
8 Z 2 E = ☐
2 Z 6 E = ☐
9 Z 0 E = ☐
0 Z 4 E = ☐

❺
18 = ☐ Z ☐ E
23 = ☐ Z ☐ E
9 = ☐ Z ☐ E
36 = ☐ Z ☐ E
40 = ☐ Z ☐ E
51 = ☐ Z ☐ E
64 = ☐ Z ☐ E
82 = ☐ Z ☐ E

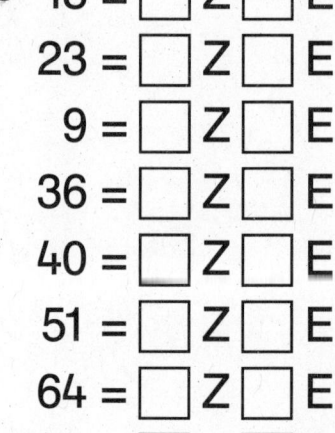

❶ Schreibe die Zahlen kürzer.

vierundzwanzig	dreiundvierzig	neunundachtzig	einunddreißig
☐	☐	☐	☐

sechsundneunzig	zweiundsiebzig	dreiundsechzig	siebenundfünfzig
☐	☐	☐	☐

❷ Wie heißen die Zahlen?

☐ Z ☐ E ☐   Zahlwort: _____

☐ Z ☐ E ☐   Zahlwort: _____

☐ Z ☐ E ☐   Zahlwort: _____

☐ Z ☐ E ☐   Zahlwort: _____

❸ Vorgänger und Nachfolger

☐	26
47	☐
☐	60

☐	34	☐
21	☐	☐
☐	☐	78

☐	51
89	☐
☐	93

❹ Wie heißt die folgende Zehnerzahl?

35	☐		69	☐
57	☐		47	☐
72	☐		53	☐
16	☐		5	☐
43	☐		26	☐

❺ Wie heißt die vorangegangene Zehnerzahl?

☐	27		☐	65
☐	36		☐	70
☐	54		☐	96
☐	85		☐	82
☐	72		☐	46

❶ Trage die fehlenden Zahlen ein.

1	2	3	4	5	6	7	8	9	10
11						17			
21				25					
31			34						
41	42								50
51						57			
61				65					
71		73							
81						87			
91					96				100

❷ Male farbig aus.

14 74 62 53 32 23 44 83 92

blau

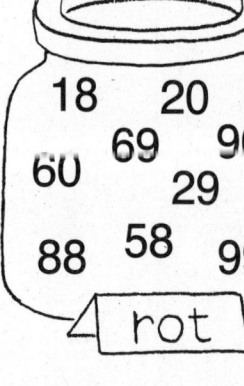

18 20 69 90 60 29 88 58 99

rot

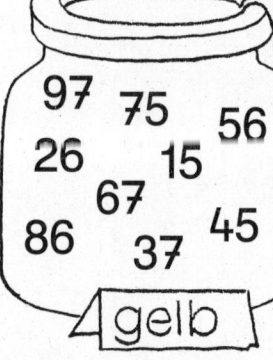

97 75 56 26 15 67 86 37 45

gelb

89 49 38 80 40 78

grün

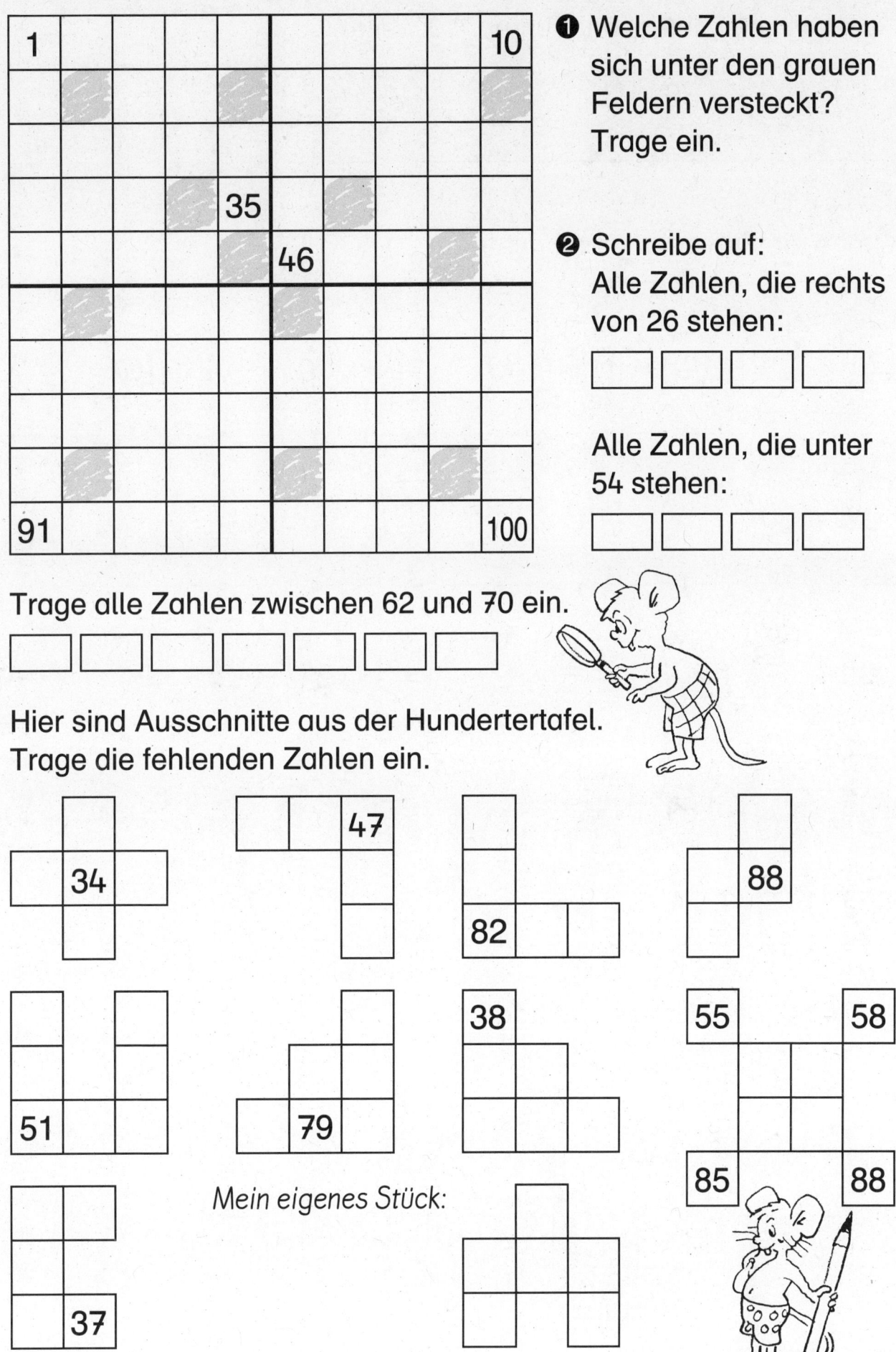

❶ Welche Zahlen haben sich unter den grauen Feldern versteckt? Trage ein.

❷ Schreibe auf:
Alle Zahlen, die rechts von 26 stehen:

Alle Zahlen, die unter 54 stehen:

❸ Trage alle Zahlen zwischen 62 und 70 ein.

❹ Hier sind Ausschnitte aus der Hundertertafel. Trage die fehlenden Zahlen ein.

Mein eigenes Stück:

❶ Sprünge am Zahlenband: Immer 10 weiter.

30

❷ Ordne die Zahlenkärtchen richtig.

20 40 10 70 30 50 90 60 100 80

15 30 20 40 25 35 50 55 60 45

49 48 50 52 51 56 54 55 53 57

❸ Ordne selbst.

3 19 97 68 21 74 48 40 39

3 < ☐ < ☐ < ☐ < ☐ < ☐ < ☐ < ☐ < ☐

❹ Achte auf die Zeichen und trage ein.

☐ < ☐ < ☐   ☐ > ☐ > ☐   12 50

37   21

85 62   groß   klein

☐ < ☐ > ☐   ☐ < ☐ > ☐   65

100 40 80   25 45

Das kann ich schon!

❶ Wie viele Blätter sind es?

❷ Schreibe und male.

Z	E
7	9
1	4
2	8
9	1
4	3

neunundsiebzig |||||||||⦂   70 + 9 = 79

_____

_____

_____

_____

❸ Trage die fehlenden Zahlen ein.

	75	
	95	

69   50   41

❹ Ordne richtig zu.

56   68   62   86   74   92   80

Diese Aufgaben kann ich schon: _____ 😊

Diese Aufgaben muss ich üben: _____ 😐

Diese Aufgaben kann ich nicht: _____ ☹

❶ 20 + 20 = ☐
20 + 30 = ☐
30 + 30 = ☐
30 + 40 = ☐
40 + 40 = ☐
40 + 50 = ☐
50 + 50 = ☐

❷ 20 + 40 = ☐
30 + 20 = ☐
10 + 50 = ☐
40 + 30 = ☐
10 + 70 = ☐
80 + 20 = ☐
0 + 50 = ☐

❸ 30 + 50 = ☐
20 + 70 = ☐
40 + 20 = ☐
50 + 30 = ☐
50 + 40 = ☐
20 + 60 = ☐
30 + 70 = ☐

❹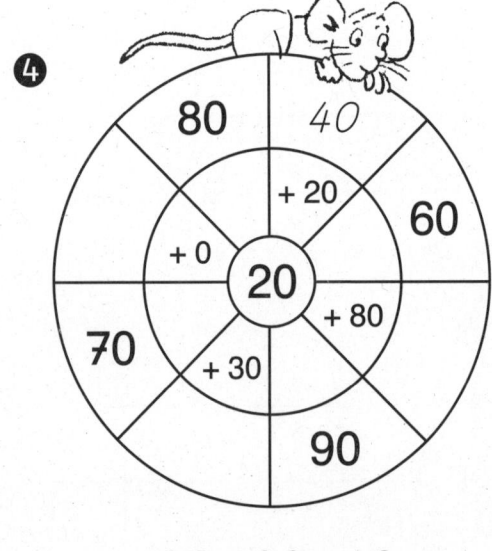

20 + 20 = 40

❺

100 – 10 = 90

❻ 30 – 10 = ☐
50 – 30 = ☐
50 – 40 = ☐
60 – 60 = ☐
70 – 60 = ☐
80 – 20 = ☐
80 – 30 = ☐

❼ 90 – 70 = ☐
70 – 30 = ☐
60 – 40 = ☐
90 – 60 = ☐
50 – 0 = ☐
70 – 20 = ☐
90 – 40 = ☐

❽ 60 – 10 = ☐
80 – 40 = ☐
70 – 40 = ☐
30 – 30 = ☐
80 – 70 = ☐
60 – 30 = ☐
100 – 100 = ☐

❶
10 + 5 = ☐
10 + 7 = ☐
20 + 4 = ☐
20 + 6 = ☐
30 + 3 = ☐
30 + 0 = ☐
40 + 1 = ☐
40 + 9 = ☐
50 + 2 = ☐
50 + 8 = ☐

❷
50 + ☐ = 57
70 + ☐ = 73
40 + ☐ = 45
60 + ☐ = 64
90 + ☐ = 96
80 + ☐ = 89
70 + ☐ = 77
60 + ☐ = 68
80 + ☐ = 81
90 + ☐ = 90

❸
☐ + 2 = 12
☐ + 8 = 38
☐ + 2 = 82
☐ + 5 = 65
☐ + 4 = 84
☐ + 3 = 93
☐ + 6 = 76
☐ + 0 = 60
☐ + 9 = 69
☐ + 6 = 46

❹

6

| 4 | 2 | 50 |

❺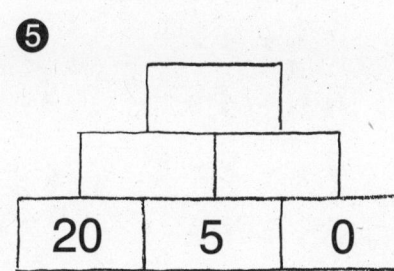

| 20 | 5 | 0 |

❻

| 1 | 3 | 93 |

❼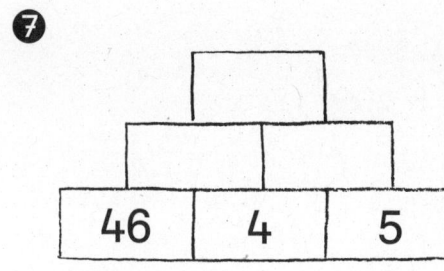

| 46 | 4 | 5 |

❽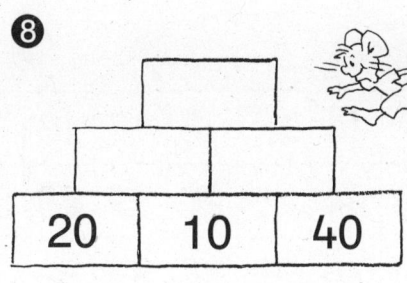

| 20 | 10 | 40 |

❾

| 7 | 3 | 17 |

❿ Rechne und kontrolliere.

zu ❿:

10 + 9	40 + 2	50 + 6	70 + 5	40 + 8
50 + 3	90 + 1	30 + 7	60 + 6	30 + 2
60 + 7	80 + 3	20 + 1	90 + 5	80 + 6
30 + 5	90 + 8	50 + 0	40 + 4	20 + 7
80 + 8	60 + 2	80 + 7	50 + 4	70 + 8

42
53 19 66
67 44 83 37 91
21 95 62 98 32 88 56
78 35 50 75 87
27 86 54
48

Gemischte Zehner plus Einer ohne Zehnerübergang

❶ 45 + 4 = ☐
74 + 5 = ☐
34 + 4 = ☐
72 + 6 = ☐
15 + 2 = ☐
17 + 2 = ☐
81 + 4 = ☐

❷ 35 + 3 = ☐
32 + 7 = ☐
23 + 5 = ☐
76 + 2 = ☐
93 + 4 = ☐
52 + 5 = ☐
48 + 1 = ☐

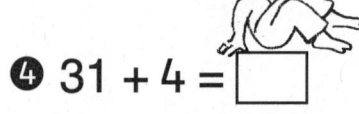

❸ 84 + 3 = ☐
53 + 3 = ☐
75 + 4 = ☐
46 + 3 = ☐
66 + 1 = ☐
91 + 3 = ☐
99 + 1 = ☐

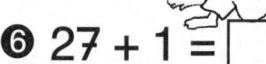

❹ 31 + 4 = ☐
54 + 2 = ☐
32 + 5 = ☐
63 + 2 = ☐
52 + 2 = ☐
46 + 2 = ☐

❺ 30 + 3 = ☐
63 + 1 = ☐
43 + 4 = ☐
41 + 3 = ☐
74 + 2 = ☐
65 + 1 = ☐

❻ 27 + 1 = ☐
41 + 2 = ☐
66 + 2 = ☐
75 + 0 = ☐
54 + 3 = ☐
37 + 1 = ☐

zu **❹** bis **❽**

12	13	14	15	16	17	18	19
22	23	24	25	26	27	28	29
32	33	34	35	36	37	38	39
42	43	44	45	46	47	48	49
52	53	54	55	56	57	58	59
62	63	64	65	66	67	68	69
72	73	74	75	76	77	78	79
82	83	84	85	86	87	88	89

❼ 21 + 3 = ☐
34 + 2 = ☐
64 + 3 = ☐
71 + 2 = ☐
20 + 3 = ☐
26 + 0 = ☐
43 + 3 = ☐
70 + 4 = ☐
77 + 1 = ☐

❽ 52 + 1 = ☐
42 + 3 = ☐
20 + 5 = ☐
60 + 3 = ☐
53 + 2 = ☐
21 + 6 = ☐
76 + 1 = ☐
30 + 4 = ☐
55 + 3 = ☐

❶ Ergänze zum nächsten Zehner.

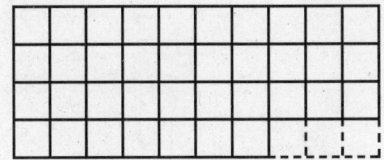

$37 + 3 = 40$

$\boxed{} + \boxed{} = \boxed{}$

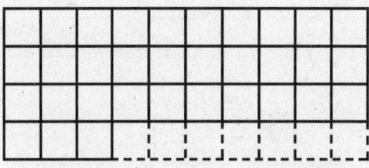

$\boxed{} + \boxed{} = \boxed{}$

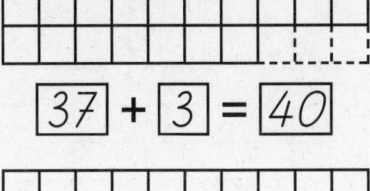

$\boxed{} + \boxed{} = \boxed{}$

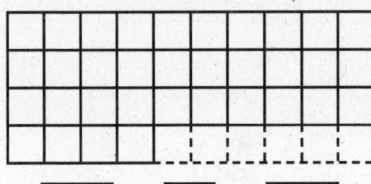

$\boxed{} + \boxed{} = \boxed{}$

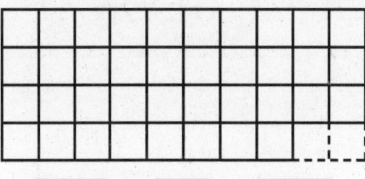

$\boxed{} + \boxed{} = \boxed{}$

Immer zum nächsten Zehner.

❷ $8 + \boxed{2} = \boxed{10}$
   $18 + \boxed{} = \boxed{20}$
   $28 + \boxed{} = \boxed{}$
   $38 + \boxed{} = \boxed{}$
   $48 + \boxed{} = \boxed{}$
   $58 + \boxed{} = \boxed{}$
   $68 + \boxed{} = \boxed{}$

❸ $7 + \boxed{3} = \boxed{10}$
   $27 + \boxed{} = \boxed{}$
   $47 + \boxed{} = \boxed{}$
   $67 + \boxed{} = \boxed{}$
   $87 + \boxed{} = \boxed{}$
   $77 + \boxed{} = \boxed{}$
   $97 + \boxed{} = \boxed{}$

❹ $5 + \boxed{} = \boxed{10}$
   $23 + \boxed{} = \boxed{}$
   $96 + \boxed{} = \boxed{}$
   $45 + \boxed{} = \boxed{}$
   $73 + \boxed{} = \boxed{}$
   $26 + \boxed{} = \boxed{}$
   $84 + \boxed{} = \boxed{}$

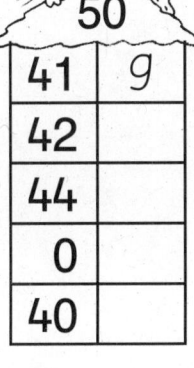
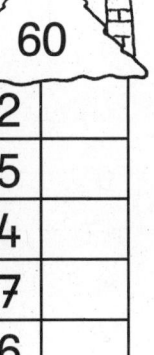

❺

50	
41	9
42	
44	
0	
40	

❻

60	
52	
55	
54	
57	
56	

❼

70	
1	
3	
5	
7	
10	

❽

80	
1	
0	
5	
70	
80	

❶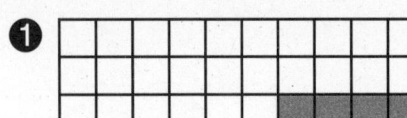

$\boxed{30} - \boxed{4} = \boxed{}$

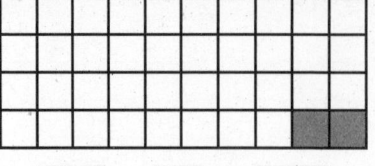

$\boxed{40} - \boxed{} = \boxed{}$

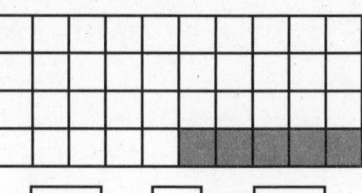

$\boxed{40} - \boxed{} = \boxed{}$

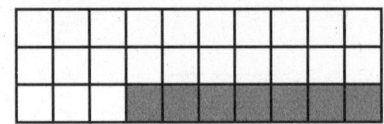

$\boxed{} - \boxed{} = \boxed{}$

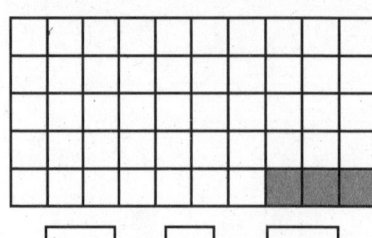

$\boxed{} - \boxed{} = \boxed{}$

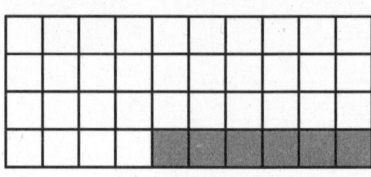

$\boxed{} - \boxed{} = \boxed{}$

Immer vom Zehner weg.

❷
20 − 5 =
30 − 5 =
30 − 6 =
40 − 6 =
40 − 7 =
50 − 7 =
50 − 8 =
60 − 8 =
60 − 9 =

❸
20 − ☐ = 19
40 − ☐ = 36
30 − ☐ = 28
70 − ☐ = 63
80 − ☐ = 76
50 − ☐ = 41
90 − ☐ = 84
20 − ☐ = 17
60 − ☐ = 60

❹
☐ − 8 = 22
☐ − 1 = 39
☐ − 0 = 50
☐ − 5 = 25
☐ − 6 = 94
☐ − 4 = 46
☐ − 8 = 32
☐ − 1 = 59
☐ − 9 = 91

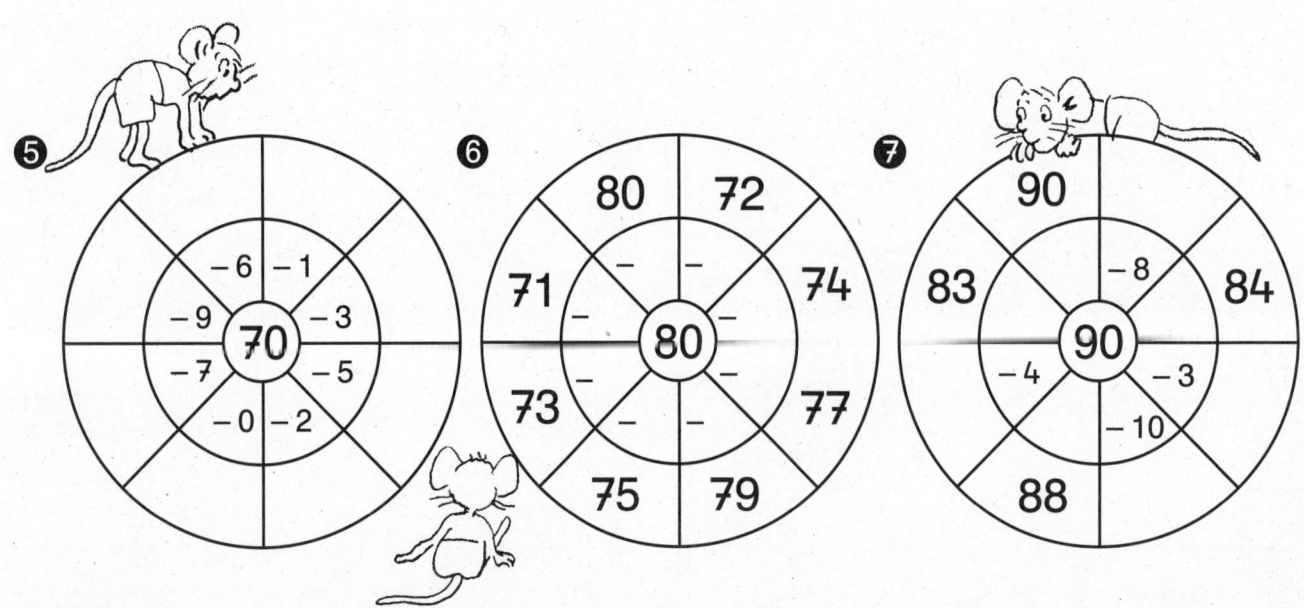

❺ 70: −6, −1, −9, −3, −7, −5, −0, −2

❻ 80: 80, 72, 71, 74, 73, 77, 75, 79

❼ 90: 90, 83, −8, 84, −4, −3, −10, 88

❶ 21 − ☐ = 20
54 − ☐ = 50
87 − ☐ = 80
32 − ☐ = 30
65 − ☐ = 60
98 − ☐ = 91
43 − ☐ = 42
76 − ☐ = 74

❷ 26 − 6 = ☐
65 − 5 = ☐
38 − 8 = ☐
56 − 3 = ☐
47 − 4 = ☐
24 − 3 = ☐
59 − 6 = ☐
36 − 4 = ☐

❸ 54 − 2 = ☐
56 − 5 = ☐
63 − 0 = ☐
34 − 2 = ☐
88 − 5 = ☐
57 − 5 = ☐
66 − 3 = ☐
68 − 4 = ☐

❹ Male für jedes Ergebnis ein Zahlenfeld in der entsprechenden Farbe an.

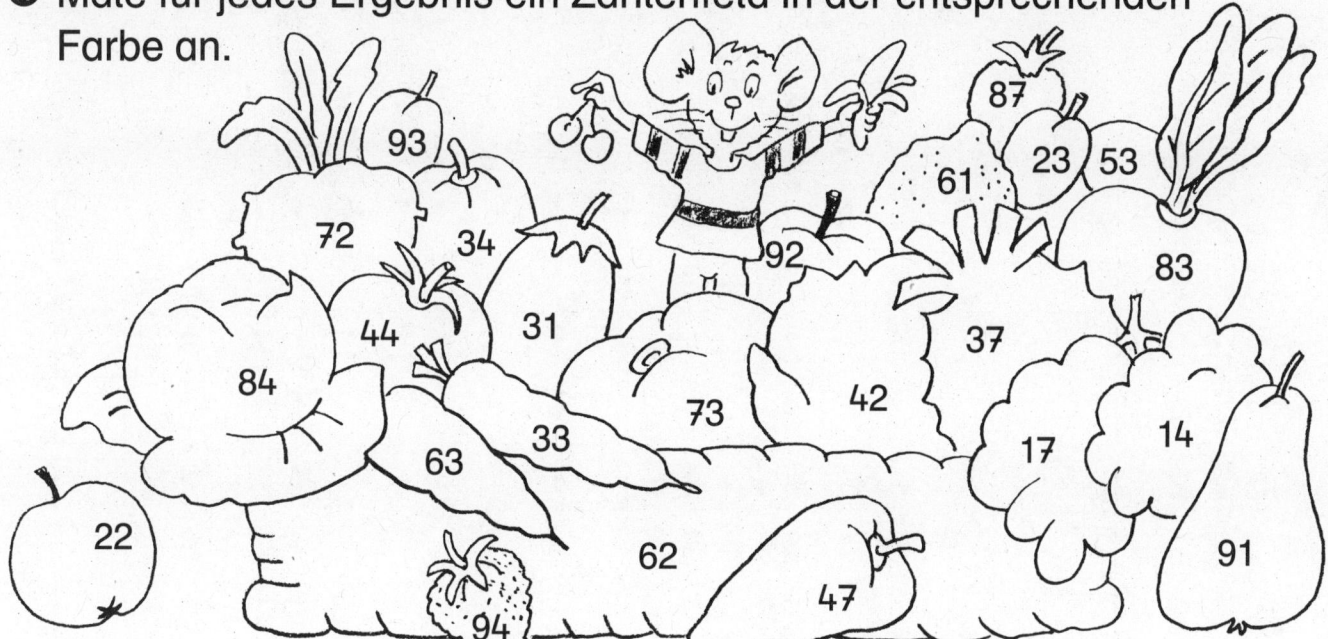

rot
29 − 7 = ☐
35 − 2 = ☐
39 − 5 = ☐
46 − 2 = ☐
49 − 2 = ☐
98 − 4 = ☐
86 − 3 = ☐
89 − 2 = ☐

gelb
64 − 2 = ☐
39 − 2 = ☐
95 − 4 = ☐
69 − 8 = ☐
76 − 3 = ☐
84 − 0 = ☐
67 − 4 = ☐
97 − 5 = ☐

blau
17 − 0 = ☐
77 − 5 = ☐
19 − 5 = ☐
48 − 6 = ☐
25 − 2 = ☐
37 − 6 = ☐
58 − 5 = ☐
96 − 3 = ☐

❶ 13 + 4 = ☐

51 + 4 = ☐

32 + 8 = ☐

56 + 3 = ☐

64 + 4 = ☐

70 + 0 = ☐

82 + 6 = ☐

44 + 3 = ☐

93 + 6 = ☐

❷ 14 − 3 = ☐

87 − 5 = ☐

23 − 3 = ☐

28 − 5 = ☐

75 − 2 = ☐

62 − 0 = ☐

36 − 3 = ☐

57 − 1 = ☐

47 − 3 = ☐

❸ 22 + 5 = ☐

16 − 5 = ☐

39 + 0 = ☐

98 − 3 = ☐

61 + 6 = ☐

49 − 4 = ☐

81 + 7 = ☐

78 − 6 = ☐

95 + 3 = ☐

❹ 25 + 4 = ☐

35 + 5 = ☐

62 + 4 = ☐

57 + 0 = ☐

46 + 2 = ☐

67 + 2 = ☐

73 + 2 = ☐

85 + 1 = ☐

92 + 3 = ☐

❺ 26 − 4 = ☐

15 − 3 = ☐

34 − 4 = ☐

68 − 2 = ☐

44 − 1 = ☐

59 − 5 = ☐

86 − 2 = ☐

97 − 4 = ☐

88 − 7 = ☐

❻ 69 − 3 = ☐

42 + 2 = ☐

37 − 6 = ☐

80 + 8 = ☐

47 − 2 = ☐

84 + 6 = ☐

99 − 0 = ☐

53 + 1 = ☐

70 − 0 = ☐

❼ Startzahl = Zielzahl

50 ─(−8)→ ☐ ─(+6)→ ☐ ─(−5)→ ☐ ─(+6)→ ☐ ─(+1)→ ☐

75 ─(+3)→ ☐ ─(−7)→ ☐ ─(+5)→ ☐ ─(−4)→ ☐ ─(−3)→ ☐

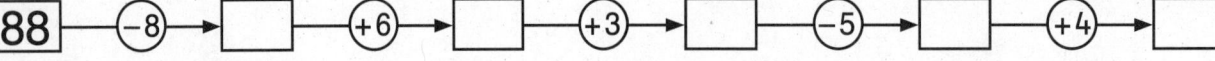

88 ─(−8)→ ☐ ─(+6)→ ☐ ─(+3)→ ☐ ─(−5)→ ☐ ─(+4)→ ☐

☐ ─○→ ☐ ─○→ ☐ ─○→ ☐ ─○→ ☐

❶ Startzahl = Zielzahl

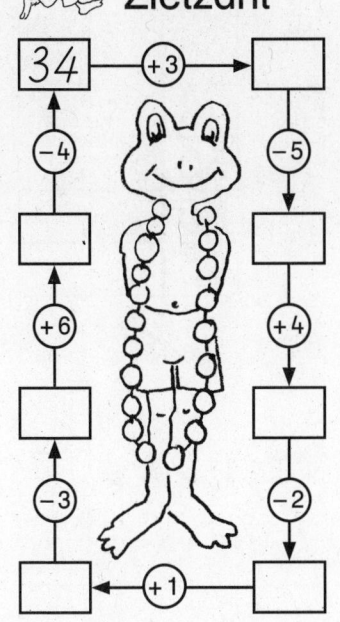

34 → (+3) → ☐

(−4) ↑   ↓ (−5)

☐   ☐

(+6) ↑   ↓ (+4)

☐   ☐

(−3) ↑   ↓ (−2)

☐ ← (+1) ← ☐

❷ Setze die Zeichen richtig ein.

< = >

16 + 3 ◯ 18
28 − 7 ◯ 21
33 + 2 ◯ 36
45 − 0 ◯ 44
53 + 5 ◯ 58
67 − 3 ◯ 62
72 + 5 ◯ 79
86 − 4 ◯ 82

❸ Aufgabe: ☐ + ☐
Rechne: ☐ + ☐

5 + 83 = ☐
7 + 22 = ☐
3 + 15 = ☐
0 + 47 = ☐
2 + 65 = ☐
1 + 86 = ☐
6 + 62 = ☐
3 + 24 = ☐

❹ Suche die Fehler. Wie viele sind es? Kreuze an.

12 + 5 = 17	46 − 3 = 49
27 − 4 = 23	52 + 4 = 56
33 + 4 = 37	66 − 2 = 64
39 − 7 = 32	81 + 7 = 85
44 + 2 = 42	99 − 5 = 94

1 Fehler ☐
2 Fehler ☐
3 Fehler ☐
4 Fehler ☐
5 Fehler ☐

❺

11 + 4	77 − 6	20 + 0	48 − 5
27 − 5	80 + 8	85 − 2	74 + 3
42 + 5	19 − 6	55 + 2	62 − 0
50 − 8	31 + 8	37 − 4	94 + 5
61 + 6	58 − 3	72 + 7	66 − 6

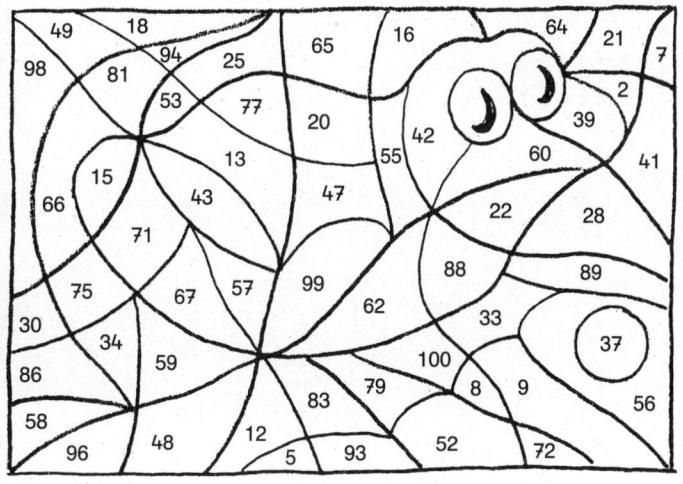

❶

+	30	40
50		
20		
40		
30		
0		
60		

❷

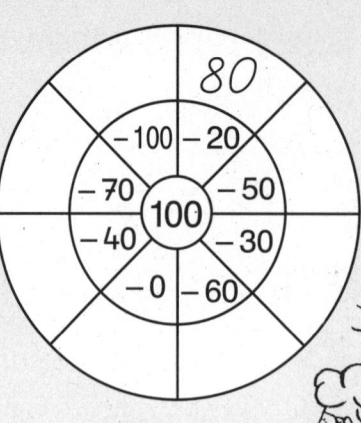

80 — −100 — −20 — −70 — 100 — −50 — −40 — −30 — −0 — −60

❸

+	5	9
50		
20		
40		
30		
60		
90		

❹
25 + ☐ = 30
72 + ☐ = 80
34 + ☐ = 40
41 + ☐ = 50
57 + ☐ = 60
83 + ☐ = 90
99 + ☐ = 100
66 + ☐ = 70
11 + ☐ = 20

❺
37 − 4 = ☐
76 − 5 = ☐
28 − 8 = ☐
59 − 4 = ☐
45 − 3 = ☐
86 − 3 = ☐
99 − 0 = ☐
48 − 3 = ☐
77 − 5 = ☐

❻
41 + 6 = ☐
74 + 4 = ☐
65 + 0 = ☐
52 + 2 = ☐
38 + 2 = ☐
22 + 5 = ☐
83 + 3 = ☐
34 + 5 = ☐
62 + 7 = ☐

❼ richtig ☑ oder falsch f?

25 + 5 = 30 ☐
70 − 20 > 40 ☐
64 + 4 < 70 ☐
38 − 6 > 32 ☐
43 + 4 < 47 ☐
82 + 3 > 84 ☐
57 − 6 < 52 ☐

Diese Aufgaben kann ich schon: _____

Diese Aufgaben muss ich üben: _____

Diese Aufgaben kann ich nicht: _____

❶ 77 hat sich so versteckt:

50	20
7	

Rechne mit ⊕ und ⊖.

70	5	1	78	1
80	2	6	70	0
3	74	3	4	70
80	50	20	90	3
1	2	7	10	3

50 + 20 + 7 = 77

❷ Zahlenschnecke

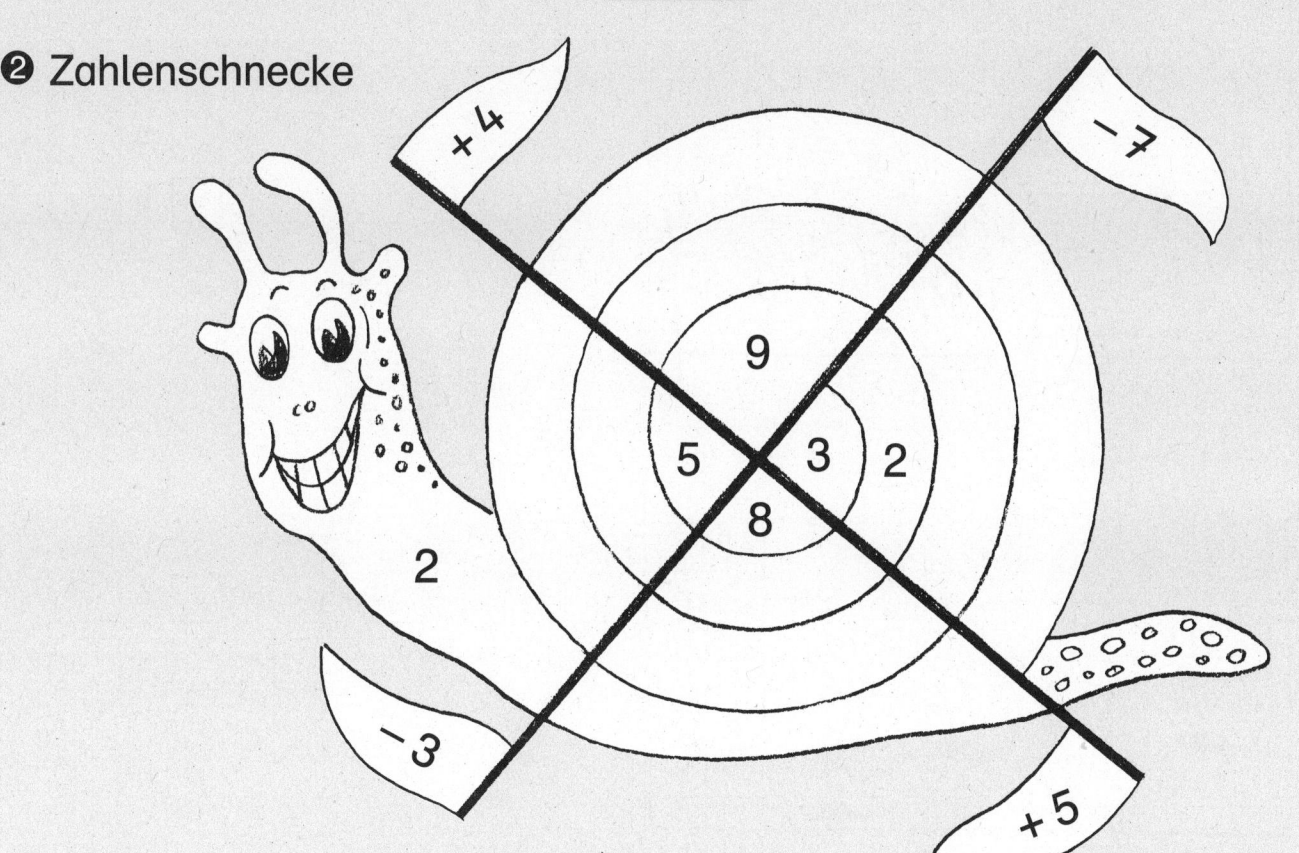

❸

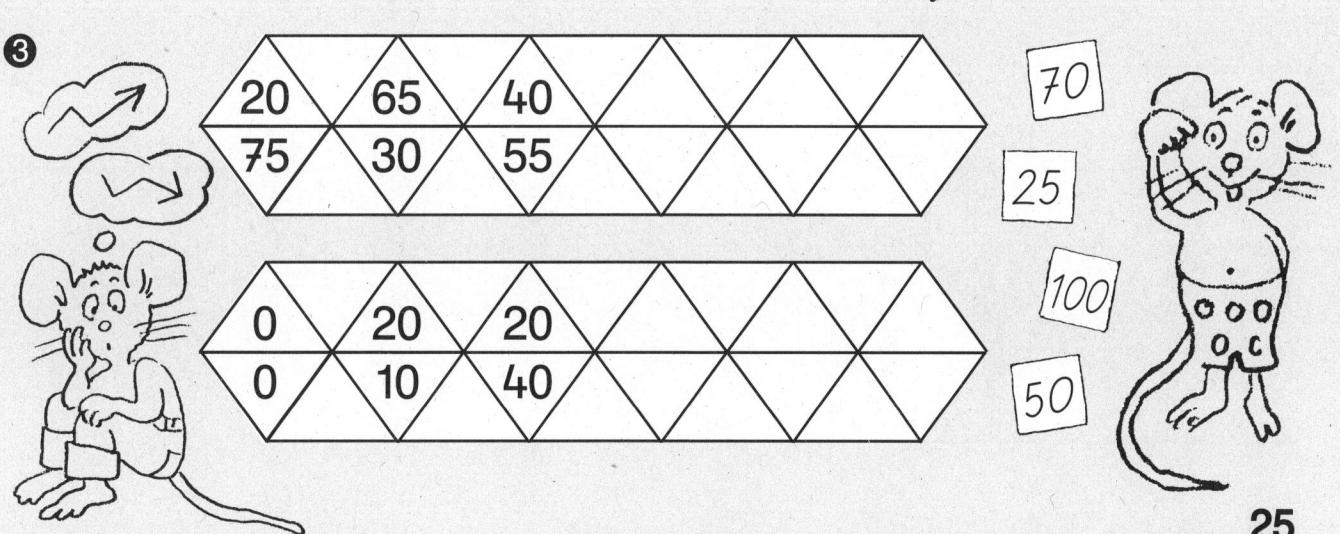

20	65	40			
75	30	55			

0	20	20			
0	10	40			

70

25

100

50

Schreibe Plus- und Malaufgaben zu den Bildern.

1

$\square + \square + \square = \square$

$\square \cdot \square = \square$

2

$\square + \square = \square$

$\square \cdot \square = \square$

3

$\square + \square + \square + \square + \square = \square$

$\square \cdot \square = \square$

4

$\square + \square + \square = \square$

$\square \cdot \square = \square$

❶ Schreibe immer zwei Malaufgaben.

  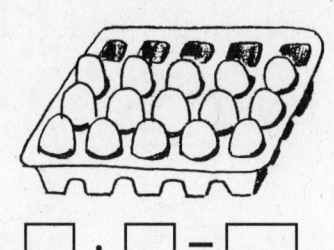

□ · □ = □   □ · □ = □   □ · □ = □
□ · □ = □   □ · □ = □   □ · □ = □

❷ Schreibe immer zwei Malaufgaben.

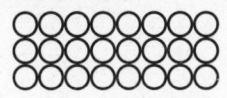 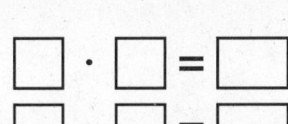 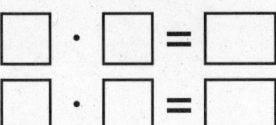

□ · □ = □   □ · □ = □   □ · □ = □
□ · □ = □   □ · □ = □   □ · □ = □

❸ Male Punktebilder und rechne.

2 · 8 = □   7 · 3 = □   4 · 4 = □

❹ Male richtig aus.

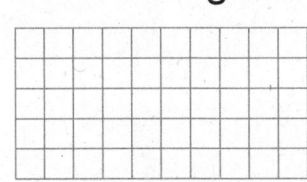

5 · 3 = □

❺ Wie viele Stifte sind es?

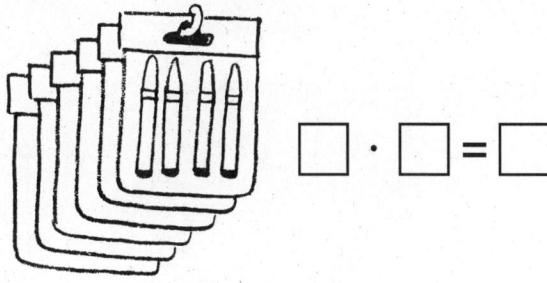

□ · □ = □

❶
10 · 2 = ☐
9 · 2 = ☐
8 · 2 = ☐
7 · 2 = ☐
6 · 2 = ☐
5 · 2 = ☐
4 · 2 = ☐
3 · 2 = ☐
2 · 2 = ☐
1 · 2 = ☐
0 · 2 = ☐

10 · 4 = ☐
9 · 4 = ☐
8 · 4 = ☐
7 · 4 = ☐
6 · 4 = ☐
5 · 4 = ☐
4 · 4 = ☐
3 · 4 = ☐
2 · 4 = ☐
1 · 4 = ☐
0 · 4 = ☐

❷ Zweiersprünge

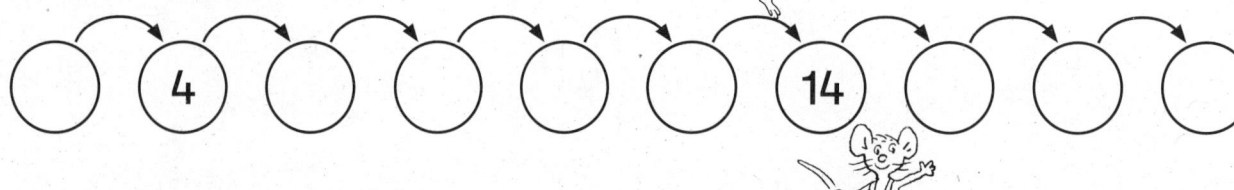

○ ④ ○ ○ ○ ○ ⑭ ○ ○ ○

❸ Vierersprünge

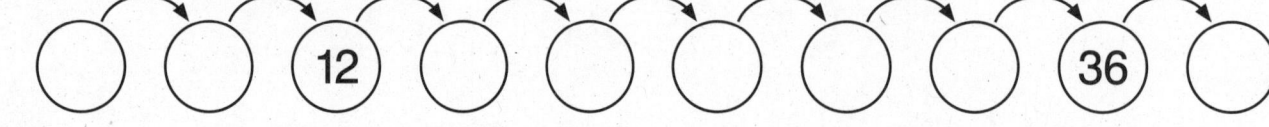

○ ○ ⑫ ○ ○ ○ ○ ○ ㊱ ○

❹ Rechne die Aufgaben und male die Ergebnisfelder an.

7 · 2 = ☐   8 · 4 = ☐
7 · 4 = ☐   9 · 2 = ☐
5 · 2 = ☐   9 · 4 = ☐
5 · 4 = ☐   6 · 2 = ☐
3 · 2 = ☐   6 · 4 = ☐

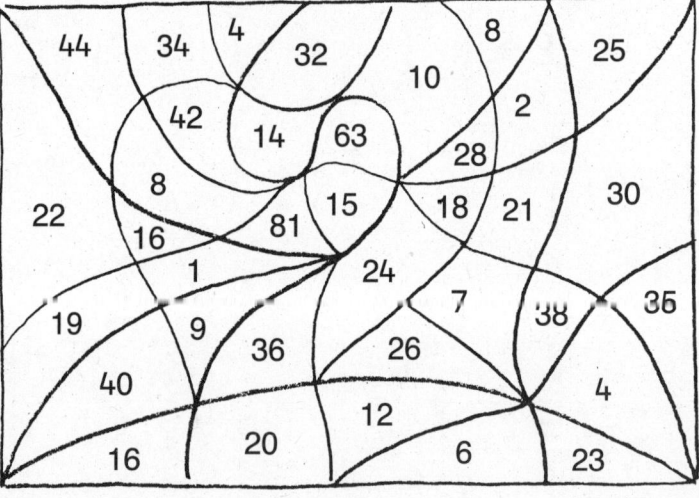

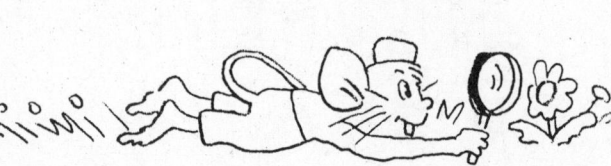

❶
4 · 2 = ☐
3 · 2 = ☐
7 · 2 = ☐
4 · 4 = ☐
3 · 4 = ☐

❷
9 · ☐ = 18
5 · ☐ = 10
2 · ☐ = 8
5 · ☐ = 20
8 · ☐ = 32

❸
☐ · 2 = 16
☐ · 4 = 40
☐ · 2 = 12
☐ · 4 = 24
☐ · 4 = 28

❹

❺

Setze die Zeichen ⬳ ⊖ ⬱ richtig ein.

❻
3 · 2 ◯ 7
5 · 4 ◯ 20
7 · 2 ◯ 9
4 · 4 ◯ 15

❼
2 · 2 ◯ 2 · 4
8 · 2 ◯ 3 · 4
6 · 4 ◯ 10 · 2
5 · 4 ◯ 10 · 2

❽
12 ◯ 6 · 2
14 ◯ 4 · 4
24 ◯ 8 · 2
11 ◯ 3 · 4

❾ Rechne die Aufgaben und male die Ergebnisfelder an.

4 · 2 = ☐
10 · 2 = ☐
0 · 2 = ☐
9 · 4 = ☐
6 · 4 = ☐
3 · 2 = ☐

8 · 4 = ☐
3 · 4 = ☐
9 · 2 = ☐
10 · 4 = ☐
7 · 2 = ☐
7 · 4 = ☐

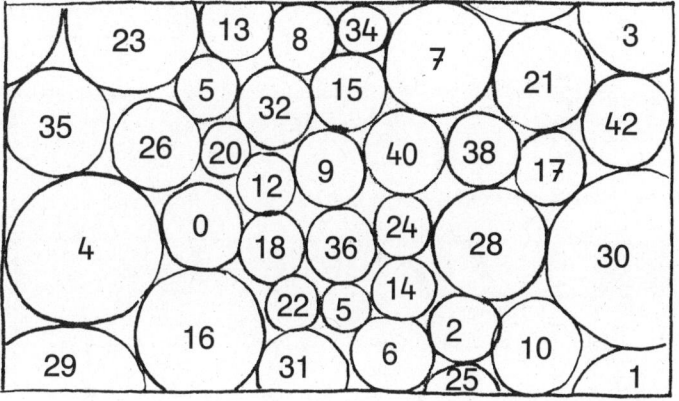

❶

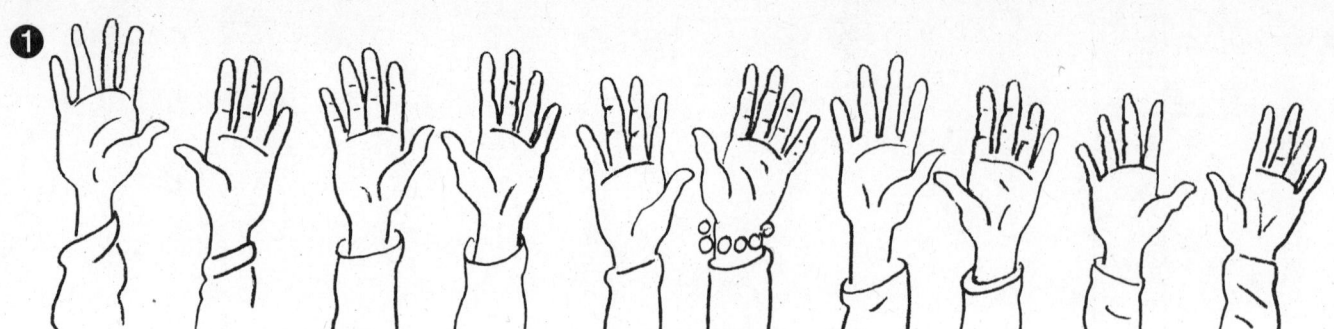

Zähle: ☐ Hände, ☐ Finger, ☐ Kinder

❷

0 · 5 = ☐	0 · 10 = ☐	6 · 10 = ☐	6 · 5 = ☐
1 · 5 = ☐	1 · 10 = ☐	7 · 10 = ☐	7 · 5 = ☐
2 · 5 = ☐	2 · 10 = ☐	8 · 10 = ☐	8 · 5 = ☐
3 · 5 = ☐	3 · 10 = ☐	9 · 10 = ☐	9 · 5 = ☐
4 · 5 = ☐	4 · 10 = ☐	10 · 10 = ☐	10 · 5 = ☐
5 · 5 = ☐	5 · 10 = ☐		

❸

·	10	5	2
3			
2			
1			

❹

·	5	10	2
6			
5			
4			

❺

·	2	5	10
9			
7			
8			

❻ Verbinde gleiche Ergebnisse.

6 · 5	8 · 5	1 · 10	4 · 5	5 · 10

4 · 10	3 · 10	10 · 5	2 · 5	2 · 10

❼

·	3	7	2	8	6	5	9	1	10	4
5										
10										

❶

Zähle: ☐ Mäuse, ☐ Pfoten, ☐ Finger

❷

·	4	10	2	5
2				
7				
3				
8				

❸

·	2	10	5	4
4				
9				
6				
5				

zu ❷ und ❸

8	40	35	15	14	50	20
8	6	🐭	18	🐭	16	10
90	28	40	70	36	4	10
12	45	12	🐭	20	30	16
32	60	30	24	25	80	20

❹ Immer drei Zahlen bilden eine Aufgabe.

32
5   8
10 7
90 9
35 4

☐ · ☐ = ☐
☐ · ☐ = ☐
☐ · ☐ = ☐

5
20   4
8   9
40   5
5   45

☐ · ☐ = ☐
☐ · ☐ = ☐
☐ · ☐ = ☐

❺

1	2	3	4	5	6	7	8	9	10
11	12	13	14	15	16	17	18	19	20
21	22	23	24	25	26	27	28	29	30
31	32	33	34	35	36	37	38	39	40
41	42	43	44	45	46	47	48	49	50
51	52	53	54	55	56	57	58	59	60
61	62	63	64	65	66	67	68	69	70
71	72	73	74	75	76	77	78	79	80
81	82	83	84	85	86	87	88	89	90
91	92	93	94	95	96	97	98	99	100

- Färbe die 2er-Zahlen gelb.
- Kreuze die 4er-Zahlen blau an.
- Kreise die 5er-Zahlen rot ein.
- Unterstreiche die 10er-Zahlen grün.

❶ Trage alle Dreier- und Sechserzahlen ein.

1 · 3 = ☐   1 · 6 = ☐
2 · 3 = ☐   2 · 6 = ☐
3 · 3 = ☐   3 · 6 = ☐
4 · 3 = ☐   4 · 6 = ☐
5 · 3 = ☐   5 · 6 = ☐
6 · 3 = ☐   6 · 6 = ☐
7 · 3 = ☐   7 · 6 = ☐
8 · 3 = ☐   8 · 6 = ☐
9 · 3 = ☐   10 · 3 = ☐   9 · 6 = ☐   10 · 6 = ☐

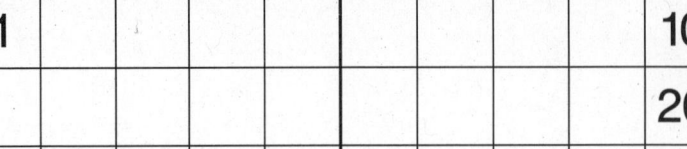

❷ Immer das Doppelte.

1 · 3 = ☐   3 · 3 = ☐   4 · 3 = ☐   5 · 3 = ☐
2 · 3 = ☐   6 · 3 = ☐   ☐ · 3 = ☐   ☐ · 3 = ☐

❸ Immer die Hälfte.

2 · 6 = ☐   8 · 6 = ☐   10 · 6 = ☐   6 · 6 = ☐
☐ · 6 = ☐   ☐ · 6 = ☐   ☐ · 6 = ☐   ☐ · 6 = ☐

❹ Schreibe die Aufgaben in die passenden Häuser.

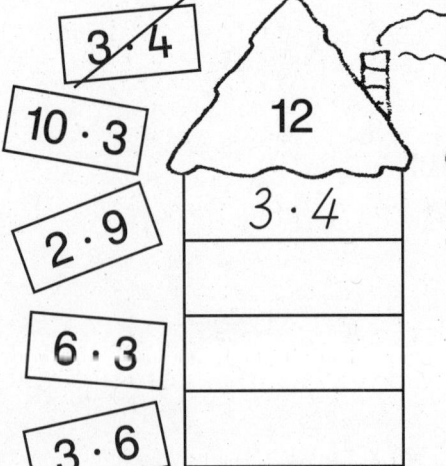

3 · 4   10 · 3   2 · 9   6 · 3   3 · 6

12   18   30   24   5 · 6   8 · 3   9 · 2   6 · 5

3 · 4

4 · 3   6 · 2   6 · 4   3 · 10   4 · 6   2 · 6   3 · 8

❶ Setze fort.

$1 \cdot 9 = 9$	$\square \cdot \square = \square$
$2 \cdot 9 = \square$	$\square \cdot \square = \square$
$3 \cdot 9 = \square$	$\square \cdot \square = \square$
$\square \cdot \square = \square$	$\square \cdot \square = \square$
$\square \cdot \square = \square$	$10 \cdot \square = \square$

❷

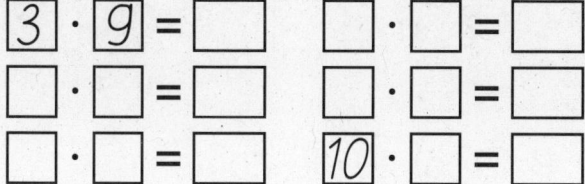

3 12 27
24
6 36
15 54
9 18 81

Kreise alle 3er-Zahlen rot ein.
Kreise alle 6er-Zahlen grün ein.
Kreise alle 9er-Zahlen blau ein.

$\square$ hat 3 Farben!

❸

·	3	6	9
2			
6			
4			

❹

·	3	6	9
7			
1			
8			

❺

·	6	3	9
3			
5			
9			

❻

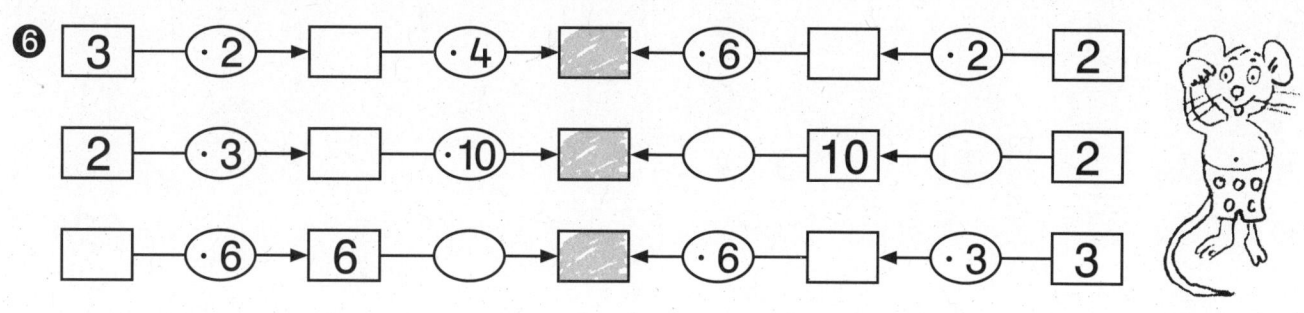

$3 \rightarrow \cdot 2 \rightarrow \square \rightarrow \cdot 4 \rightarrow \blacksquare \leftarrow \cdot 6 \leftarrow \square \leftarrow \cdot 2 \leftarrow 2$

$2 \rightarrow \cdot 3 \rightarrow \square \rightarrow \cdot 10 \rightarrow \blacksquare \leftarrow \bigcirc \leftarrow 10 \leftarrow \bigcirc \leftarrow 2$

$\square \rightarrow \cdot 6 \rightarrow 6 \rightarrow \bigcirc \rightarrow \blacksquare \leftarrow \cdot 6 \leftarrow \square \leftarrow \cdot 3 \leftarrow 3$

❼

·	3	6	2	4	8	5	10	0	9	7
3										
6										
9										

❶

$7 \cdot 2 = \square$ $2 \cdot 7 = \square$

$7 \cdot 3 = \square$ $3 \cdot 7 = \square$

$7 \cdot 5 = \square$ $5 \cdot 7 = \square$

$7 \cdot 6 = \square$ $6 \cdot 7 = \square$

❷ Trage die Zahlen der 7er-Reihe ein.

❸ Ergänze die Zahlen der 8er-Reihe.

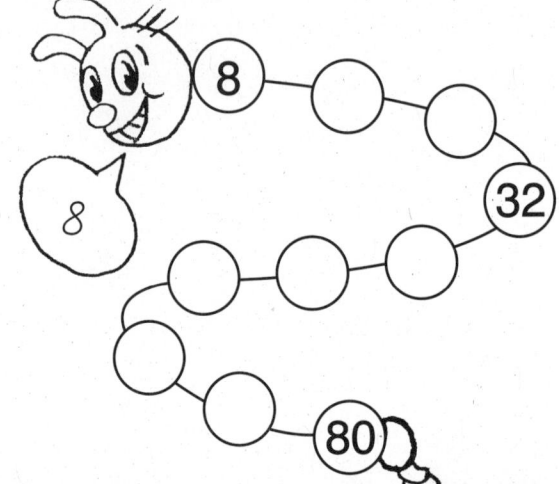

❹ $2 \cdot 8 = \square$

$4 \cdot 8 = \square$

$3 \cdot 8 = \square$

$5 \cdot 8 = \square$

$6 \cdot 8 = \square$

$7 \cdot 8 = \square$

$8 \cdot 8 = \square$

$9 \cdot 8 = \square$

❺ $10 \cdot 8 = \square$

$10 \cdot 7 = \square$

$5 \cdot 8 = \square$

$5 \cdot 7 = \square$

$6 \cdot 7 = \square$

$8 \cdot 6 = \square$

$8 \cdot 7 = \square$

$7 \cdot 7 = \square$

❻ $2 \cdot \square = 14$

$5 \cdot \square = 40$

$7 \cdot \square = 56$

$9 \cdot \square = 63$

$6 \cdot \square = 48$

$3 \cdot \square = 21$

$8 \cdot \square = 56$

$4 \cdot \square = 32$

❼ Tauschaufgaben

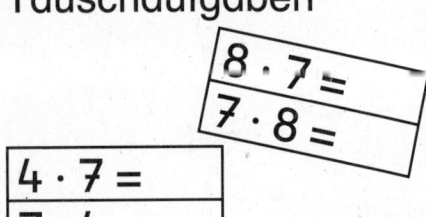

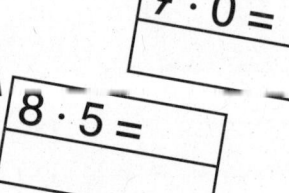

$10 \cdot 7 =$
$7 \cdot 10 =$

$7 \cdot 0 =$

$8 \cdot 5 =$

$9 \cdot 8 =$

$4 \cdot 7 =$
$7 \cdot 4 =$

zu **❹** und **❺**: ⑯ ㉔ ㉜ ㉟ ㊵ ㊵ ㊷ ㊽ ㊽ ㊾ ㊶ ㊶ ㊼ ㊼ ㉒ ㊸

Das Einmaleins üben

❶

·	2	4	8	5	3	7
3						
6						
4						
7						

❷

·	3	6	9	7	2	5
2						
5						
8						
9						

❸
3 · 6 = ☐
6 · 9 = ☐
4 · 7 = ☐
7 · 6 = ☐
4 · 9 = ☐
6 · 7 = ☐

❹
5 · ☐ = 20
8 · ☐ = 32
8 · ☐ = 64
9 · ☐ = 45
4 · ☐ = 12
8 · ☐ = 40

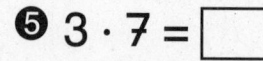

❺
3 · 7 = ☐
8 · 6 = ☐
5 · 5 = ☐
6 · 6 = ☐
7 · 7 = ☐
9 · 9 = ☐

❻ Domino mit 8er-Zahlen. Ergänze.

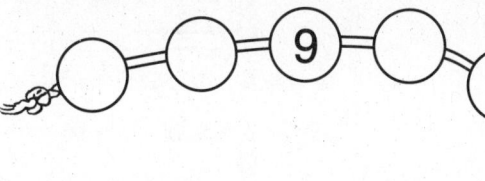

| 24 | 3·8 | 40 | | 16 | | | 6·8 | 32 | | 56 |

❼ Ergänze die Einmaleinsketten.

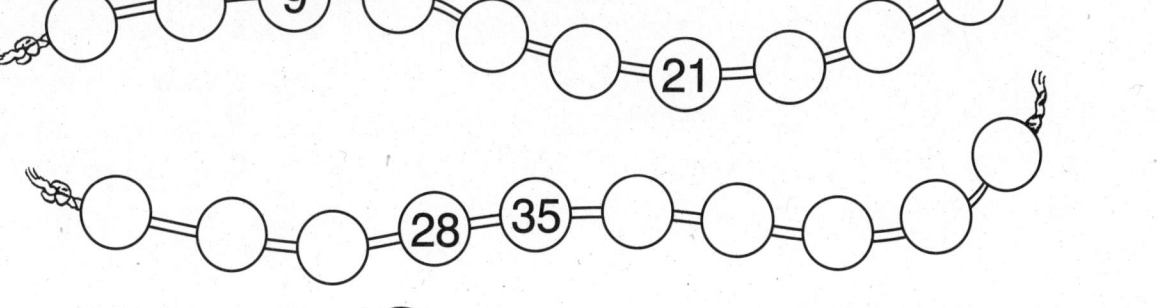

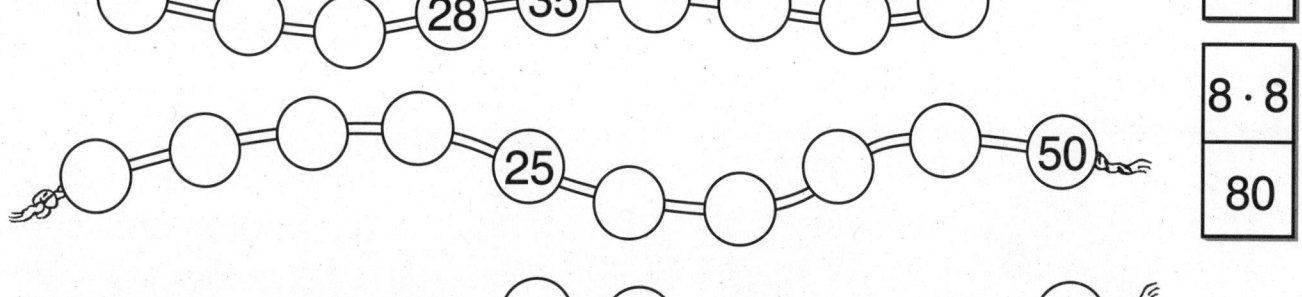

72

8·8
80

❶ Finde für jedes Quadrat die passende Einmaleinsaufgabe.

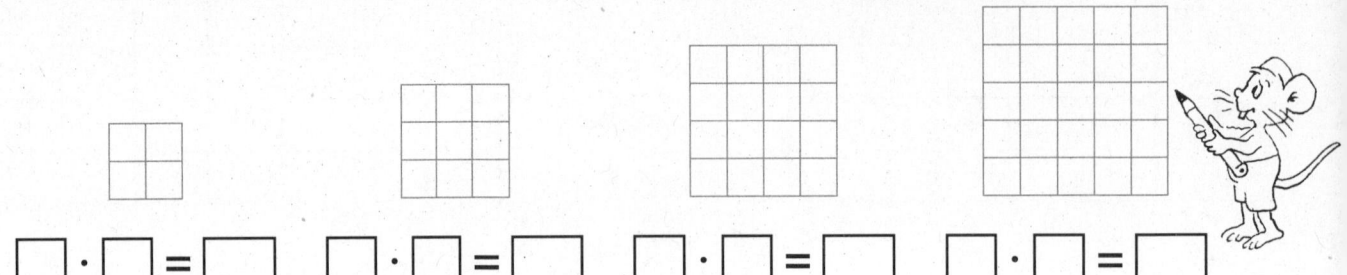

☐ · ☐ = ☐   ☐ · ☐ = ☐   ☐ · ☐ = ☐   ☐ · ☐ = ☐

❷   **❸**

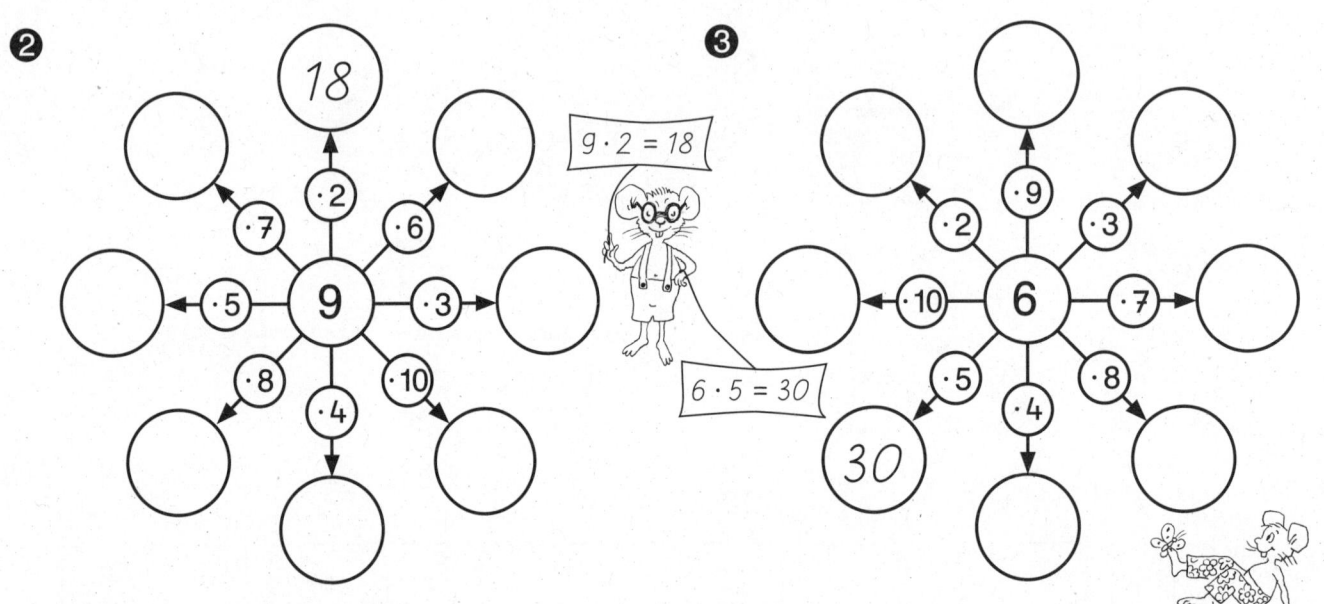

9 · 2 = 18

6 · 5 = 30

❹
☐ · 9 = 81
☐ · 4 = 32
☐ · 6 = 54
☐ · 8 = 56
☐ · 9 = 63
☐ · 8 = 64

❺ 4 · 6 = ☐
4 · 3 = ☐
8 · 3 = ☐
6 · 2 = ☐
9 · 2 = ☐
9 · 4 = ☐

❻ 7 · 4 = ☐
7 · 5 = ☐
8 · 5 = ☐
8 · 6 = ☐
8 · 7 = ☐
9 · 7 = ☐

❼ Male in der richtigen Farbe an.

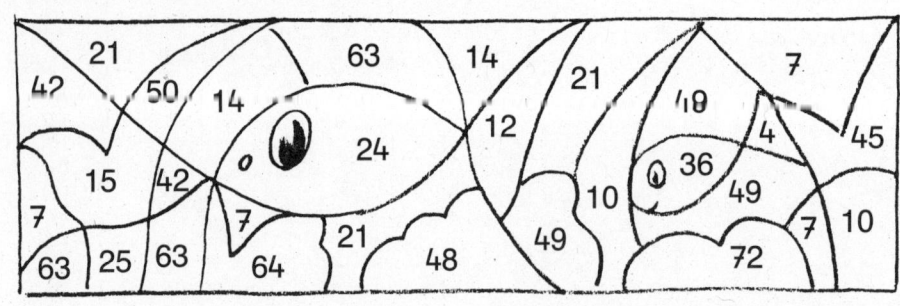

7er-Zahlen blau,
5er-Zahlen grün,
4er-Zahlen rot,
8er-Zahlen braun.

❶ Ergänze die Einmaleinsketten.

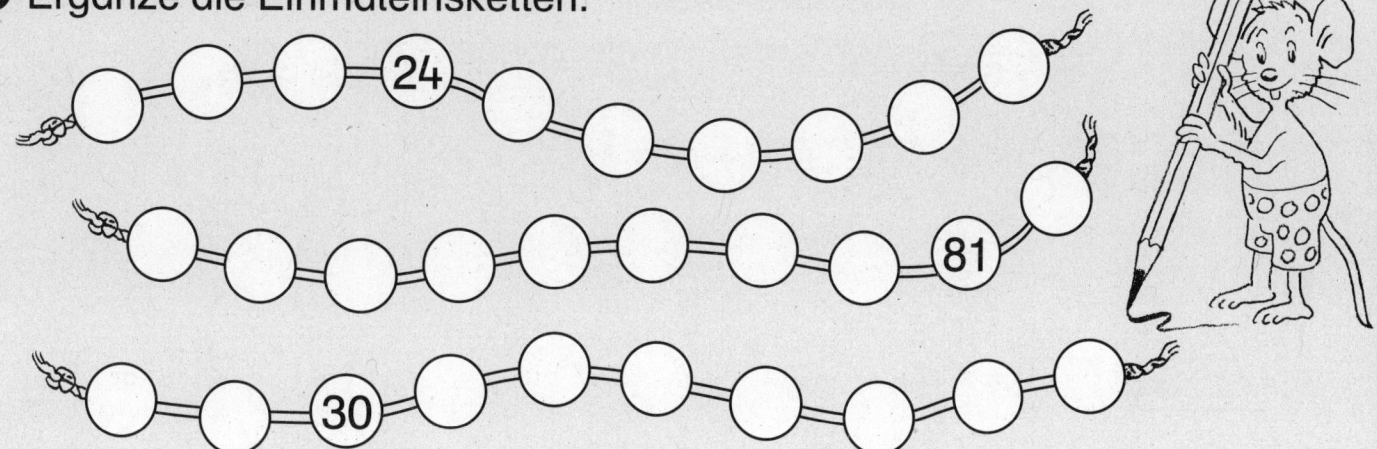

❷
$4 \cdot 8 = \boxed{}$
$3 \cdot 7 = \boxed{}$
$2 \cdot 8 = \boxed{}$
$5 \cdot 6 = \boxed{}$
$7 \cdot 4 = \boxed{}$

❸
$5 \cdot \boxed{} = 35$
$6 \cdot \boxed{} = 36$
$9 \cdot \boxed{} = 45$
$7 \cdot \boxed{} = 56$
$4 \cdot \boxed{} = 24$

❹
$\boxed{} \cdot 9 = 54$
$\boxed{} \cdot 5 = 15$
$\boxed{} \cdot 4 = 16$
$\boxed{} \cdot 8 = 72$
$\boxed{} \cdot 3 = 18$

❺ Richtig ☑ oder falsch f ?

$9 \cdot 2 = 18$ ☐ $4 \cdot 6 = 20$ ☐ $3 \cdot 9 = 27$ ☐
$8 \cdot 7 = 49$ ☐ $8 \cdot 5 = 40$ ☐ $6 \cdot 7 = 42$ ☐
$5 \cdot 3 = 15$ ☐ $0 \cdot 9 = 0$ ☐ $10 \cdot 4 = 41$ ☐

❻

❼

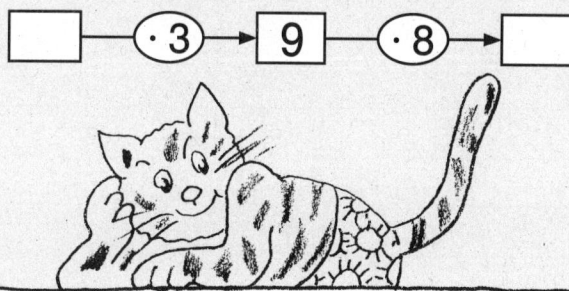

$\boxed{2} \rightarrow (\cdot 5) \rightarrow \boxed{} \rightarrow (\cdot 7) \rightarrow \boxed{}$

$\boxed{} \rightarrow (\cdot 3) \rightarrow \boxed{9} \rightarrow (\cdot 8) \rightarrow \boxed{}$

Diese Aufgaben kann ich schon: _____ ☺

Diese Aufgaben muss ich üben: _____ 😐

Diese Aufgaben kann ich nicht: _____ ☹

Rechne geschickt bis zur nächsten Zehnerzahl.
Addiere dann die zweite Zahl.

$17 + 3 + 4 = \square$

$17 + 3 = 20$
$20 + 4 = \square$

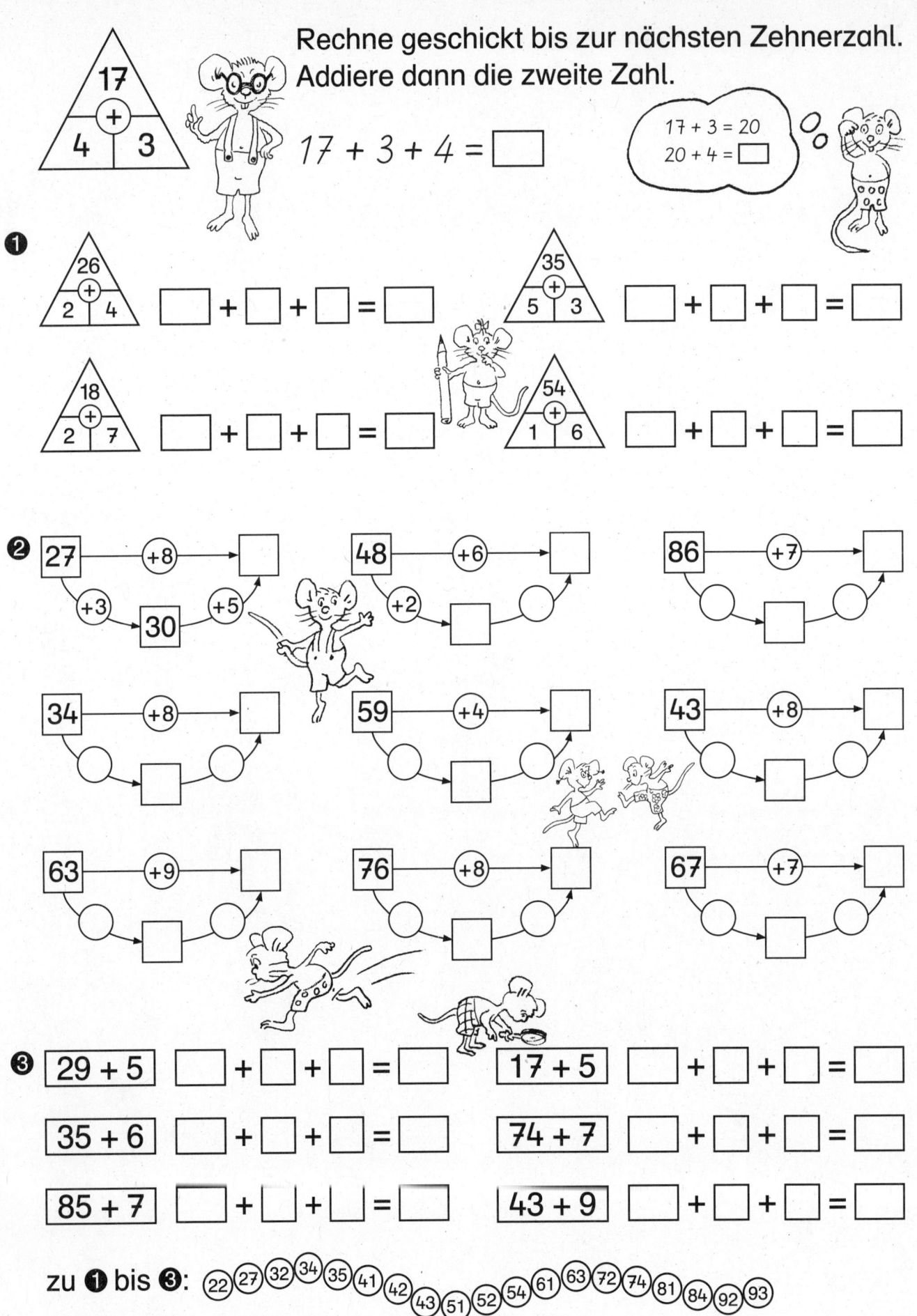

❶

$\square + \square + \square = \square$

$\square + \square + \square = \square$

$\square + \square + \square = \square$

$\square + \square + \square = \square$

❷

27 →(+8)→ □
(+3)→ 30 →(+5)

48 →(+6)→ □
(+2)→ □ ○

86 →(+7)→ □
○ □ ○

34 →(+8)→ □
○ □ ○

59 →(+4)→ □
○ □ ○

43 →(+8)→ □
○ □ ○

63 →(+9)→ □
○ □ ○

76 →(+8)→ □
○ □ ○

67 →(+7)→ □
○ □ ○

❸

| 29 + 5 | $\square + \square + \square = \square$ | 17 + 5 | $\square + \square + \square = \square$ |

| 35 + 6 | $\square + \square + \square = \square$ | 74 + 7 | $\square + \square + \square = \square$ |

| 85 + 7 | $\square + \square + \square = \square$ | 43 + 9 | $\square + \square + \square = \square$ |

zu **❶** bis **❸**: 22 27 32 34 35 41 42 43 51 52 54 61 63 72 74 81 84 92 93

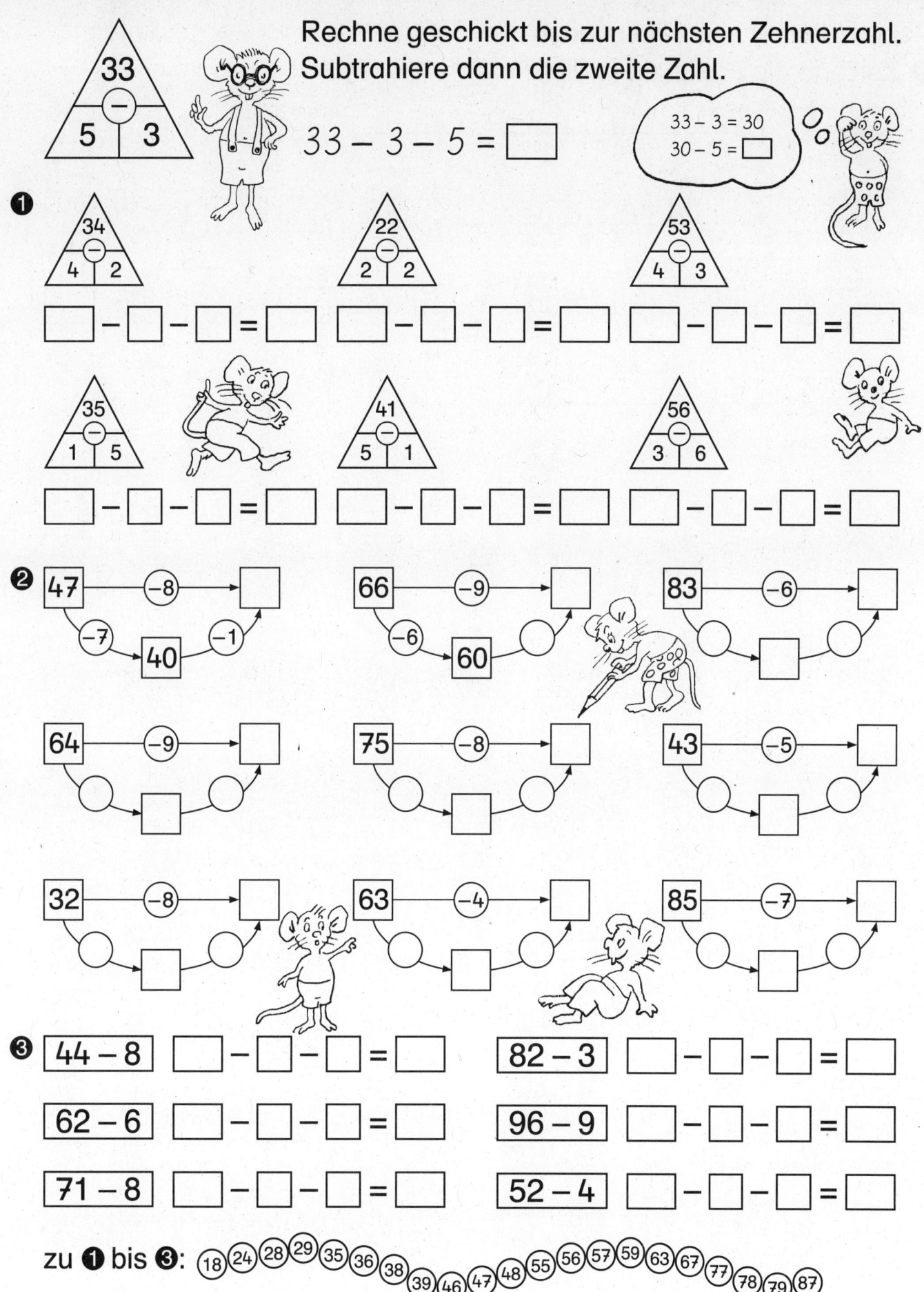

33

⊖

5   3

Rechne geschickt bis zur nächsten Zehnerzahl.
Subtrahiere dann die zweite Zahl.

33 – 3 – 5 = ☐

33 – 3 = 30
30 – 5 = ☐

❶

34   ⊖   4   2

22   ⊖   2   2

53   ⊖   4   3

☐ – ☐ – ☐ = ☐   ☐ – ☐ – ☐ = ☐   ☐ – ☐ – ☐ = ☐

35   ⊖   1   5

41   ⊖   5   1

56   ⊖   3   6

☐ – ☐ – ☐ = ☐   ☐ – ☐ – ☐ = ☐   ☐ – ☐ – ☐ = ☐

❷

47 —(–8)→ ☐
(–7) ↘ 40 ↗ (–1)

66 —(–9)→ ☐
(–6) ↘ 60 ↗ ○

83 —(–6)→ ☐
○ ↘ ☐ ↗ ○

64 —(–9)→ ☐
○ ↘ ☐ ↗ ○

75 —(–8)→ ☐
○ ↘ ☐ ↗ ○

43 —(–5)→ ☐
○ ↘ ☐ ↗ ○

32 —(–8)→ ☐
○ ↘ ☐ ↗ ○

63 —(–4)→ ☐
○ ↘ ☐ ↗ ○

85 —(–7)→ ☐
○ ↘ ☐ ↗ ○

❸

44 – 8	☐ – ☐ – ☐ = ☐
62 – 6	☐ – ☐ – ☐ = ☐
71 – 8	☐ – ☐ – ☐ = ☐

82 – 3	☐ – ☐ – ☐ = ☐
96 – 9	☐ – ☐ – ☐ = ☐
52 – 4	☐ – ☐ – ☐ = ☐

zu ❶ bis ❸: 18 24 28 29 35 36 38 39 46 47 48 55 56 57 59 63 67 77 78 79 87

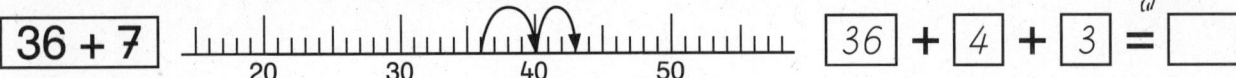

Rechne immer zuerst zum nächsten Zehner.

❶ Zeichne die Pfeile ein und rechne.

| 36 + 7 | 20 30 40 50 | $\boxed{36}$ + $\boxed{4}$ + $\boxed{3}$ = $\boxed{}$ |

| 49 + 6 | 40 50 60 70 | $\boxed{}$ + $\boxed{}$ + $\boxed{}$ = $\boxed{}$ |

| 75 − 7 | 50 60 70 80 | $\boxed{75}$ − $\boxed{5}$ − $\boxed{2}$ = $\boxed{}$ |

| 64 − 8 | 50 60 70 80 | $\boxed{}$ − $\boxed{}$ − $\boxed{}$ = $\boxed{}$ |

❷

46 →(+8)→ ☐   50

55 →(+9)→ ☐   ☐

76 →(+6)→ ☐   ☐

43 →(−8)→ ☐   40

84 →(−5)→ ☐   ☐

73 →(−7)→ ☐   ☐

54 →(−6)→ ☐   ☐

92 →(−4)→ ☐   ☐

81 →(−6)→ ☐   ☐

❸

47 + 7	47 →(+3)→ 50 →(+4)→ ☐
36 + 5	☐ →○→ 40 →○→ ☐
83 + 8	☐ →○→ 90 →○→ ☐
62 − 6	62 →(−2)→ 60 →(−4)→ ☐
75 − 7	☐ →○→ 70 →○→ ☐

zu ❶ bis ❸:

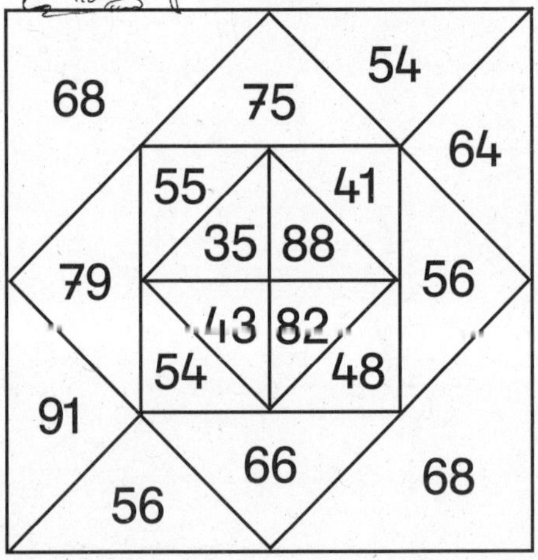

68 75 54
55 41
35 88
43 82
79 56
54 48
91
56 66 68

❶ (+6)

17	+3	+3	23
25			
46			
78			
67			

❷ (+7)

15	+5	+2	
58			
27			
64			
89			

❸ (+8)

19	+1	+7	
55			
33			
46			
77			

❹

$34 + \boxed{8} = \Box$

$34 + \boxed{6} + \Box = \Box$

$69 + \boxed{5} = \Box$

$69 + \Box + \Box = \Box$

❺

$42 - \boxed{7} = \Box$

$42 - \boxed{2} - \Box = \Box$

$22 - \boxed{8} = \Box$

$22 - \Box - \Box = \Box$

❻

$88 + \boxed{3} = \Box$

$88 + \Box + \Box = \Box$

$31 - \boxed{4} = \Box$

$31 - \Box - \Box = \Box$

❼ (−5)

24	−4	−1	19
42			
91			
73			
85			

❽ (−7)

14	−4	−3	
61			
36			
45			
83			

❾ (−8)

16	−6	−2	
55			
71			
94			
67			

zu ❶ bis ❾:

+ : 22 23 27 31 34 41 42 52 54 63 65 71 73 74 84 85 91 96

− : 7 8 14 19 27 29 35 37 38 47 54 59 63 68 76 80 86 86

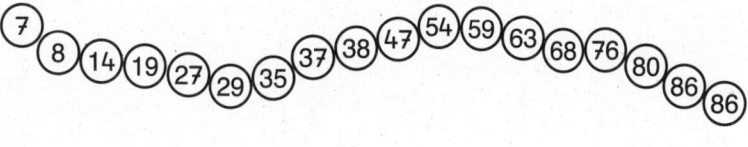

Geschicktes Rechnen

Der Trick mit der Zahl 9

 +9 +10-1

❶

24 + 9 = ☐
53 + 9 = ☐
65 + 9 = ☐
82 + 9 = ☐
76 + 9 = ☐
47 + 9 = ☐
38 + 9 = ☐
19 + 9 = ☐

❷ -9 -10+1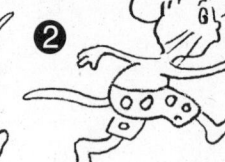

41 − 9 = ☐
36 − 9 = ☐
25 − 9 = ☐
13 − 9 = ☐
57 − 9 = ☐
62 − 9 = ☐
74 − 9 = ☐
88 − 9 = ☐

❸  19 + 8   20 + 7

Rechne so:

vorne (+1) hinten (−1)

49 + 4 = ☐
89 + 3 = ☐
79 + 6 = ☐

39 + 3 = ☐
49 + 6 = ☐
59 + 9 = ☐
19 + 4 = ☐
29 + 7 = ☐
59 + 4 = ☐
69 + 2 = ☐

19 + 5 = ☐
69 + 8 = ☐
89 + 7 = ☐
79 + 5 = ☐
39 + 8 = ☐
79 + 6 = ☐
29 + 8 = ☐

Nachbaraufgaben

❹ Immer eins mehr!

16 + 5 = ☐
16 + 6 = ☐
17 + 6 = ☐
17 + 7 = ☐
18 + 7 = ☐
18 + 8 = ☐
19 + 8 = ☐
19 + 9 = ☐

❺ Immer eins weniger!

44 − 5 = ☐
44 − 6 = ☐
43 − 6 = ☐
43 − 7 = ☐
42 − 7 = ☐
42 − 8 = ☐
41 − 8 = ☐
41 − 9 = ☐

❻ eins mehr/eins weniger

36 + 8 = ☐
36 + 7 = ☐
37 + 7 = ☐
37 + 6 = ☐
36 − 7 = ☐
35 − 7 = ☐
35 − 8 = ☐
36 − 8 = ☐

Kleine
Rechnung  $8 + 4 = 12$

Große
Rechnung $28 + 4 = 32$

❶ 6 + 8 = ☐
26 + 8 = ☐
56 + 8 = ☐
36 + 8 = ☐
76 + 8 = ☐

❷ 7 + 4 = ☐
37 + 4 = ☐
87 + 4 = ☐
57 + 4 = ☐
47 + 4 = ☐

❸ 9 + 7 = ☐
19 + 7 = ☐
89 + 7 = ☐
39 + 7 = ☐
59 + 7 = ☐

❹ 13 − 6 = ☐
33 − 6 = ☐
63 − 6 = ☐
53 − 6 = ☐
73 − 6 = ☐

❺ 16 − 8 = ☐
46 − 8 = ☐
86 − 8 = ☐
36 − 8 = ☐
96 − 8 = ☐

❻ 12 − 7 = ☐
42 − 7 = ☐
22 − 7 = ☐
72 − 7 = ☐
92 − 7 = ☐

❼ Drei Zahlen,
vier Aufgaben:

☐8☐ ☐7☐ ☐15☐
8 + 7 = 15
7 + 8 = 15
15 − 8 = 7
15 − 7 = 8

☐15☐ ☐6☐ ☐21☐
15 + 6 = ☐
6 + ☐ = 21
21 − 6 = ☐
☐ − 15 = 6

☐33☐ ☐4☐ ☐29☐
33 − 4 = ☐
☐ − 29 = 4
29 + 4 = ☐
4 + ☐ = 33

❽

+0 +5
+7 (75) +8
+9 +10
+4 +6

Rechne auch hier
geschickt!

❾

−0 −4
−9 (64) −7
−6 −10
−8 −5

❶
40 + 14 = ☐
20 + 31 = ☐
50 + 47 = ☐
10 + 68 = ☐
30 + 29 = ☐
60 + 24 = ☐
40 + 36 = ☐
30 + 57 = ☐
70 + 12 = ☐
20 + 45 = ☐

❷
13 + 20 = ☐
22 + 60 = ☐
15 + 80 = ☐
26 + 40 = ☐
32 + 50 = ☐
44 + 30 = ☐
18 + 70 = ☐
59 + 40 = ☐
17 + 60 = ☐
81 + 10 = ☐

❸
10 + ☐ = 36
20 + ☐ = 91
30 + ☐ = 73
19 + ☐ = 49
25 + ☐ = 75
40 + ☐ = 88
70 + ☐ = 97
38 + ☐ = 88
64 + ☐ = 84
0 + ☐ = 62

❹

+	10	40	20	50	30
5					
17					
28					
36					
44					

Rechne geschickt!

17 + 10 = ☐
17 + 20 = ☐
17 + 30 = ☐

❺

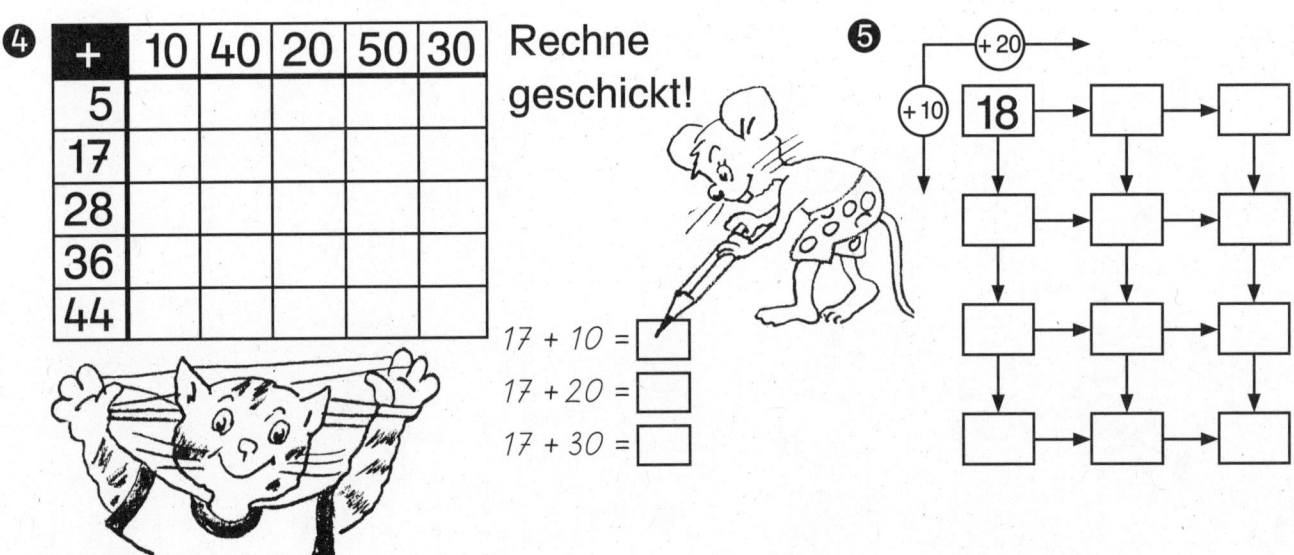

+20

+10 18

❻ Verbinde richtig.

35 (+40) 73
27 (+20) 86
53 (+50) 67
39 (+30) 59
26 (+20) 85

Da stimmt etwas nicht.
Schreibe richtig.

_____

❼ Baue die Mauer!

100
60
50
40

Rechnen mit Zehnerzahlen

❶
97 − 60 = ☐
75 − 50 = ☐
44 − 30 = ☐
23 − 10 = ☐
55 − 30 = ☐
83 − 40 = ☐
78 − 60 = ☐
68 − 50 = ☐
62 − 40 = ☐
85 − 70 = ☐

❷
67 − 60 = ☐
99 − 50 = ☐
88 − 80 = ☐
27 − 20 = ☐
64 − 10 = ☐
89 − 60 = ☐
76 − 30 = ☐
51 − 40 = ☐
96 − 70 = ☐
39 − 20 = ☐

❸
98 − ☐ = 58
66 − ☐ = 36
79 − ☐ = 49
91 − ☐ = 41
39 − ☐ = 19
93 − ☐ = 13
46 − ☐ = 26
77 − ☐ = 37
74 − ☐ = 54
57 − ☐ = 7

❹

−	20	50	30	60	40
82					
95					
73					
61					
87					

Rechne
geschickt!

82 − 20 = ☐
82 − 30 = ☐
82 − 40 = ☐

❺

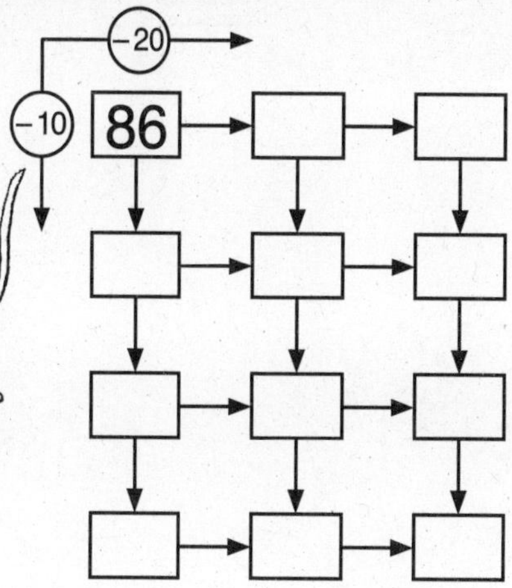

❻ Verbinde richtig.

84   (−20)   32
59   (−40)   39
72   (−30)   21
81   (−40)   46
96   (−50)   54

Da stimmt etwas nicht.
Schreibe richtig.

_____

❼

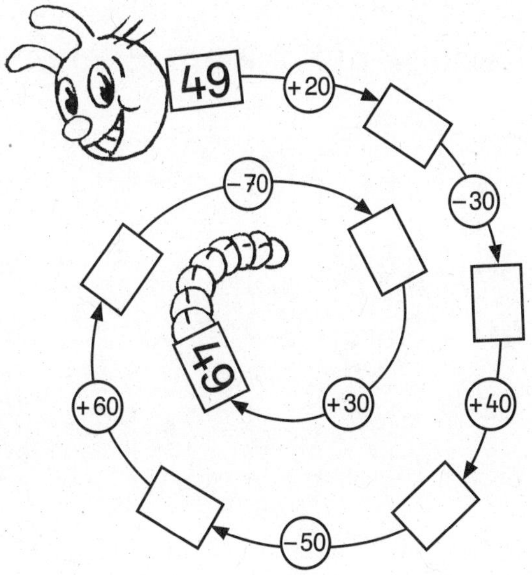

49 (+20)
(−70)   (−30)
(+60)   (+40)
     (+30)
(+60)
(−50)

Rechne mit deinem Rechenweg.

❶ 28 + 11 = ☐
34 + 34 = ☐
64 + 22 = ☐
42 + 45 = ☐
26 + 32 = ☐
23 + 54 = ☐
57 + 21 = ☐

❷ 46 + 31 = ☐
35 + 32 = ☐
21 + 28 = ☐
33 + 33 = ☐
12 + 72 = ☐
43 + 25 = ☐
52 + 24 = ☐

❸ 37 + 32 = ☐
55 + 33 = ☐
44 + 45 = ☐
22 + 37 = ☐
43 + 26 = ☐
24 + 63 = ☐
54 + 21 = ☐

Rechne mit deinem Rechenweg.

❹ 44 − 22 = ☐
57 − 15 = ☐
38 − 14 = ☐
49 − 34 = ☐
58 − 26 = ☐
85 − 62 = ☐
47 − 41 = ☐

❺ 89 − 78 = ☐
95 − 43 = ☐
29 − 14 = ☐
66 − 25 = ☐
96 − 82 = ☐
67 − 34 = ☐
88 − 25 = ☐

❻ 59 − 17 = ☐
88 − 13 = ☐
75 − 55 = ☐
99 − 72 = ☐
48 − 11 = ☐
87 − 46 = ☐
56 − 33 = ☐

 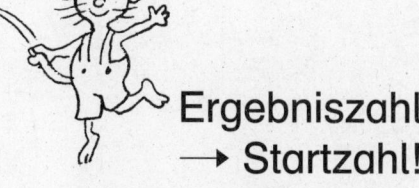 

Besondere Ergebnisse! **Ergebniszahl → Startzahl!** **Schau genau, rechne schlau!**

❶ 56 − 34 = ☐   ❷ 65 − 23 = ☐   ❸ 69 − 37 = ☐

43 + 23 = ☐   24 + 35 = ☐   69 − 57 = ☐

35 + 42 = ☐   → 42 + 47 = ☐   57 + 12 = ☐

77 − 66 = ☐   77 − 22 = ☐   77 + 12 = ☐

12 + 21 = ☐   89 − 65 = ☐   77 + 22 = ☐

98 − 54 = ☐   59 − 16 = ☐   Wie am Start!   99 − 33 = ☐

7 + 81 = ☐   43 + 34 = ☐   33 + 65 = ☐

86 − 31 = ☐   79 − 14 = ☐   98 − 66 = ☐

63 + 36 = ☐   55 + 24 = ☐   66 + 33 = ☐

❹

+	31	22	24	35
32				
63				
44				
25				
51				

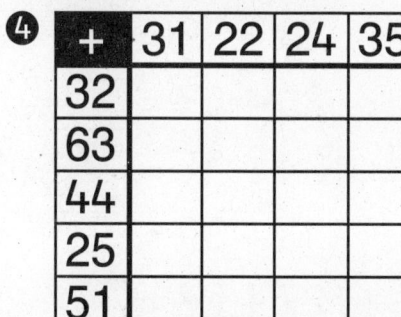

❺

−	12	23	34	45
85				
57				
68				
76				
99				

❻ Male die Felder mit den Ergebnissen in den angegebenen Farben an.

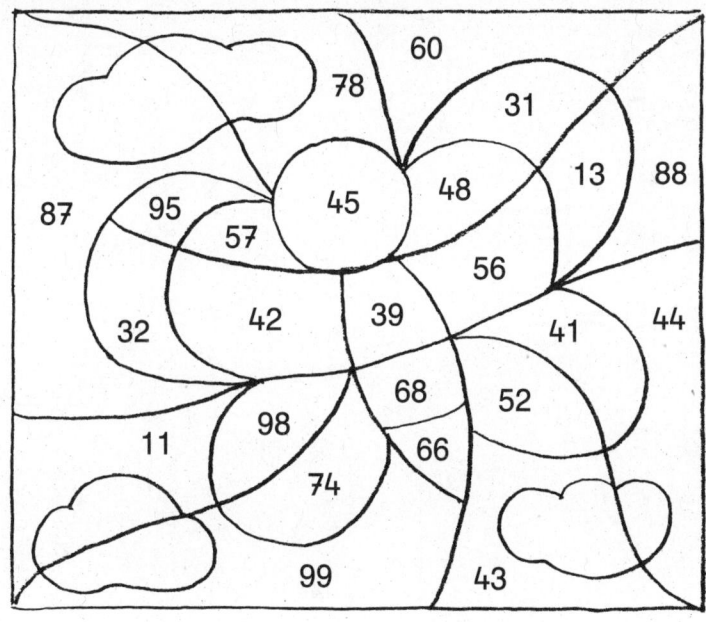

blau	gelb	rot
75 − 15	94 − 52	26 + 22
47 + 52	89 − 15	39 − 17
85 − 41	21 + 35	35 + 31
24 + 63	78 − 47	57 − 16
96 − 53	22 + 73	31 + 67
42 + 36	69 − 24	75 − 62
84 − 73	43 + 25	21 + 36
55 + 33	99 − 47	14 + 25

Rechne mit deinem Rechenweg.

❶ 19 + 19 = ☐
57 + 24 = ☐
48 + 14 = ☐
75 + 17 = ☐
14 + 47 = ☐
79 + 12 = ☐

❷ 66 + 17 = ☐
69 + 25 = ☐
39 + 18 = ☐
58 + 29 = ☐
24 + 39 = ☐
46 + 18 = ☐

❸ 15 + 18 = ☐
45 + 26 = ☐
38 + 35 = ☐
25 + 49 = ☐
67 + 26 = ☐
23 + 18 = ☐

❹ 37 + 54 = ☐
59 + 27 = ☐
22 + 39 = ☐
68 + 24 = ☐
36 + 39 = ☐
44 + 28 = ☐

❺ 58 + 26 = ☐
17 + 26 = ☐
39 + 36 = ☐
15 + 19 = ☐
47 + 25 = ☐
45 + 38 = ☐

❻ 18 + 18 = ☐
28 + 39 = ☐
25 + 57 = ☐
39 + 14 = ☐
13 + 39 = ☐
27 + 27 = ☐

❼ 48 + 48 = ☐
67 + 19 = ☐
19 + 29 = ☐
16 + 26 = ☐
58 + 23 = ☐
12 + 39 = ☐

❽ 16 + 46 = ☐
19 + 73 = ☐
28 + 27 = ☐
56 + 15 = ☐
17 + 28 = ☐
38 + 55 = ☐

❾ 46 + 17 = ☐
29 + 34 = ☐
57 + 18 = ☐
19 + 37 = ☐
59 + 26 = ☐
18 + 77 = ☐

zu ❶ bis ❾:

33 34 36 38 41 42 43 45 48 51 52 53 54 55 56
75 74 73 72 72 71 71 67 64 63 63 62 62 61 61 57
75 75 81 81 82 83 83 84 85 86 86 87 91 91 92 92 93 93 94 95 96

Rechne mit deinem Rechenweg.

❶
31 − 12 = ☐
46 − 18 = ☐
63 − 24 = ☐
71 − 34 = ☐
87 − 29 = ☐
75 − 27 = ☐

❷
86 − 19 = ☐
41 − 26 = ☐
97 − 48 = ☐
44 − 18 = ☐
84 − 27 = ☐
71 − 25 = ☐

❸
66 − 49 = ☐
52 − 27 = ☐
78 − 19 = ☐
75 − 28 = ☐
41 − 17 = ☐
67 − 29 = ☐

❹
31 − 15 = ☐
43 − 28 = ☐
53 − 26 = ☐
88 − 19 = ☐
91 − 27 = ☐
72 − 38 = ☐

❺
81 − 48 = ☐
65 − 28 = ☐
82 − 39 = ☐
34 − 18 = ☐
54 − 27 = ☐
83 − 27 = ☐

❻
91 − 16 = ☐
72 − 38 = ☐
55 − 29 = ☐
73 − 17 = ☐
81 − 32 = ☐
94 − 66 = ☐

❼
51 − 15 = ☐
45 − 28 = ☐
57 − 49 = ☐
61 − 26 = ☐
92 − 24 = ☐
81 − 16 = ☐

❽
62 − 56 = ☐
95 − 16 = ☐
83 − 25 = ☐
76 − 47 = ☐
91 − 23 = ☐
64 − 19 = ☐

❾
92 − 25 = ☐
72 − 13 = ☐
93 − 49 = ☐
81 − 29 = ☐
57 − 38 = ☐
95 − 87 = ☐

zu ❶ bis ❾:

Das kann ich schon!

❶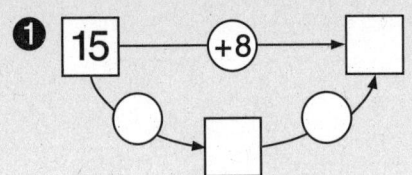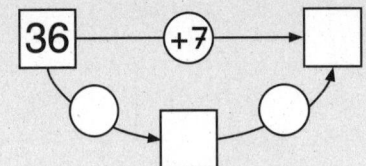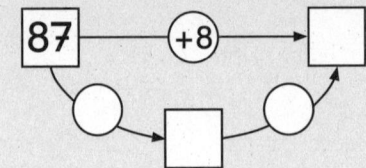

❷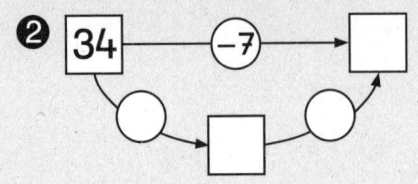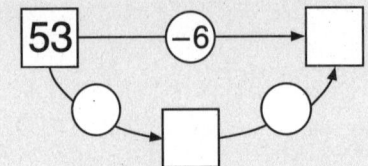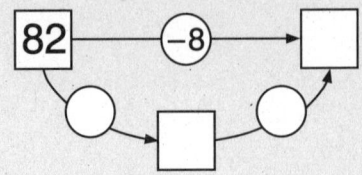

❸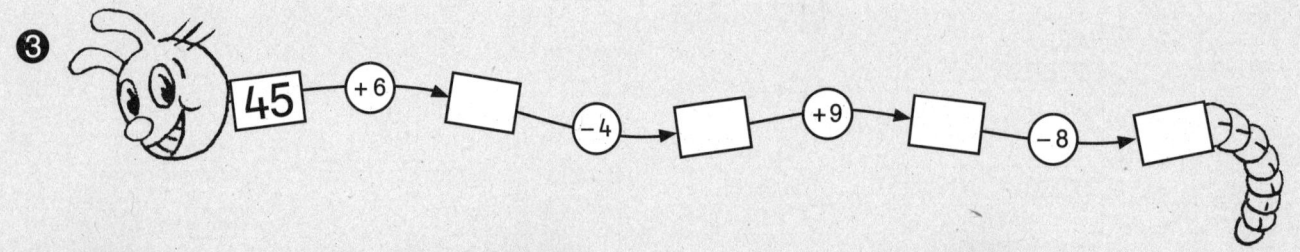

❹

+	30	0	40	50
42				
17				
35				

❺

−	10	30	0	40
92				
56				
64				

❻

+	12	43	34	55
13				
24				
45				

❼
27 − 13 = □
48 − 37 = □
55 − 25 = □
84 − 22 = □
46 − 46 = □

❽
14 + 17 = □
25 + 38 = □
47 + 27 = □
46 + 36 = □
63 + 28 = □

❾
33 − 15 = □
75 − 48 = □
94 − 36 = □
42 − 28 = □
63 − 17 = □

❿
29 + 19 = □
100 − 49 = □
78 − 39 = □
39 + 39 = □
91 − 19 = □

Diese Aufgaben kann ich schon: _____ ☺

Diese Aufgaben muss ich üben: _____ 😕

Diese Aufgaben kann ich nicht: _____ ☹

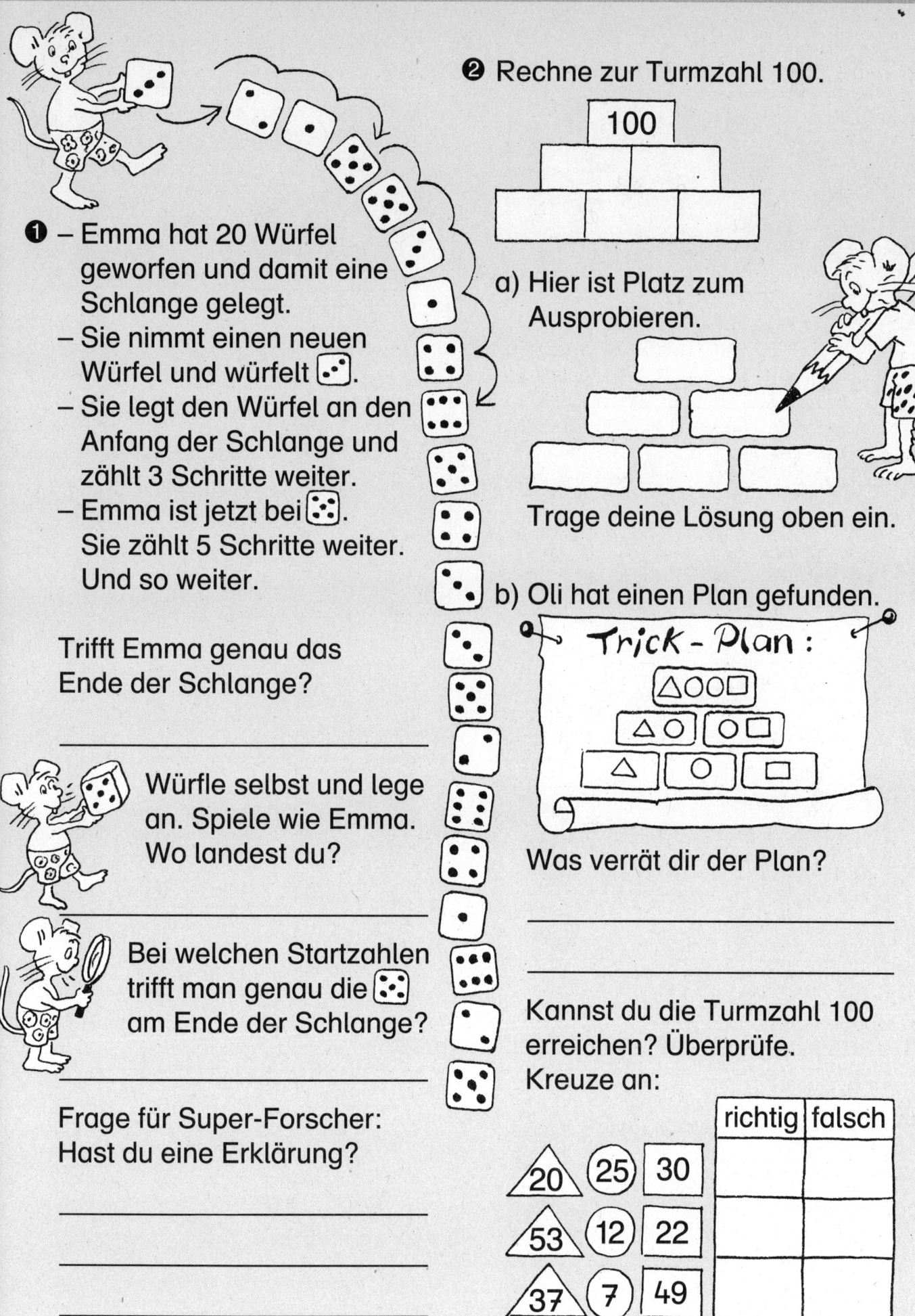

❷ Rechne zur Turmzahl 100.

100

❶ – Emma hat 20 Würfel
geworfen und damit eine
Schlange gelegt.

– Sie nimmt einen neuen
Würfel und würfelt.

– Sie legt den Würfel an den
Anfang der Schlange und
zählt 3 Schritte weiter.

– Emma ist jetzt bei.
Sie zählt 5 Schritte weiter.
Und so weiter.

Trifft Emma genau das
Ende der Schlange?

_____

Würfle selbst und lege
an. Spiele wie Emma.
Wo landest du?

_____

Bei welchen Startzahlen
trifft man genau die
am Ende der Schlange?

_____

Frage für Super-Forscher:
Hast du eine Erklärung?

_____

_____

a) Hier ist Platz zum
Ausprobieren.

Trage deine Lösung oben ein.

b) Oli hat einen Plan gefunden.

Trick - Plan:

Was verrät dir der Plan?

_____

_____

Kannst du die Turmzahl 100
erreichen? Überprüfe.
Kreuze an:

	richtig	falsch
20 25 30		
53 12 22		
37 7 49		

51

❶ Teile auf und schreibe die Geteiltaufgabe.

 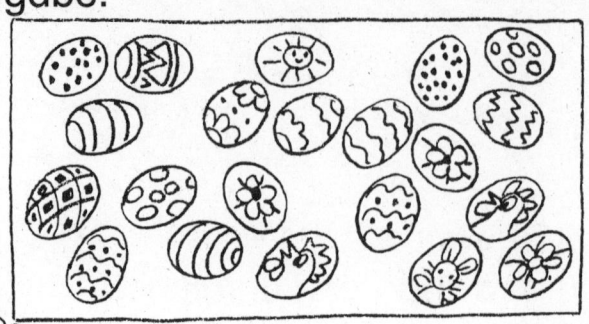

$\boxed{24} : \boxed{4} = \boxed{}$ $\boxed{} : \boxed{7} = \boxed{}$

❷ Wie kannst du hier aufteilen? Kreise mit rot und blau ein.

 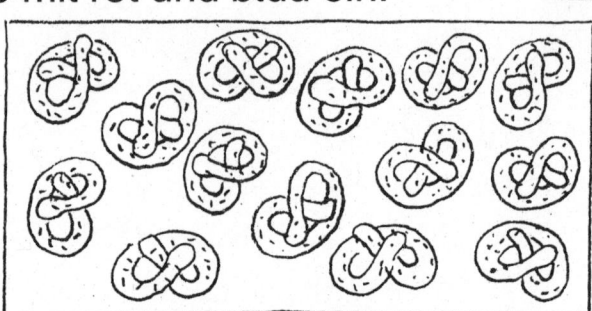

$\boxed{} : \boxed{} = \boxed{}$ $\boxed{} : \boxed{} = \boxed{}$

$\boxed{} : \boxed{} = \boxed{}$ $\boxed{} : \boxed{} = \boxed{}$

❸ Verteile gerecht und schreibe die Geteiltaufgabe.

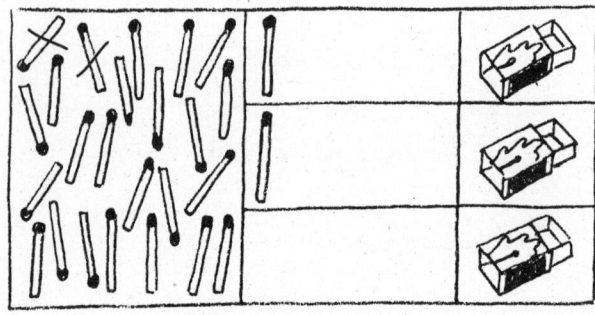

$\boxed{24} : \boxed{3} = \boxed{}$ $\boxed{} : \boxed{} = \boxed{}$

❹ Verteile und schreibe die Geteiltaufgabe.

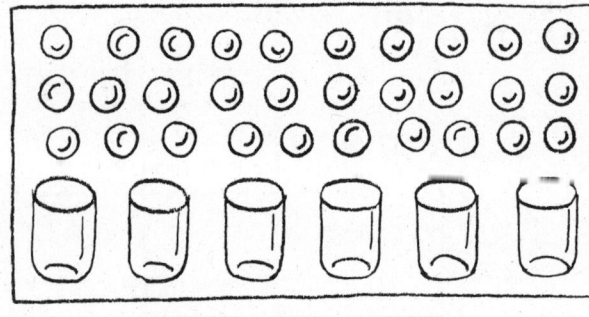 

$\boxed{} : \boxed{} = \boxed{}$ $\boxed{} : \boxed{} = \boxed{}$

Teilen ohne und mit Rest

❶ Verteile und schreibe die Geteiltaufgabe.

$\square : \square = \square$

Hast du gerecht verteilt?
Du kannst eine Probe machen.

$\square \cdot \square = \square$

❷ Teile und mache die Probe.

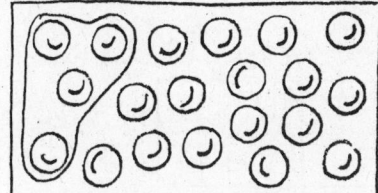   **❸**    **❹**

$20 : 4 = \square$ $\square : 5 = \square$ $\square : 6 = \square$

$\square \cdot 4 = 20$ $\square \cdot 5 = \square$ $\square \cdot 6 = \square$

❺ Kannst du hier gerecht verteilen?

Es bleiben $\square$ Autos übrig.

❻    **❼**

$13 : 2 = \square$ Rest $\square$ $17 : 3 = \square$ Rest $\square$

$13 = \square \cdot 2 + \square$ $17 = \square \cdot 3 + \square$

Rechne aus und kontrolliere.

❶ 21 : 3 = ☐ **❷** 6 : 3 = ☐ **❸** 4 : 4 = ☐

36 : 4 = ☐   32 : 4 = ☐   8 : 2 = ☐

40 : 5 = ☐   8 : 4 = ☐   28 : 4 = ☐

25 : 5 = ☐   16 : 2 = ☐   30 : 10 = ☐

42 : 7 = ☐   64 : 8 = ☐   45 : 5 = ☐

zu ❶ bis ❸:

❹ Finde den Lösungssatz.

A	B	D	E	F	G	H	I	K	M	R	S	T	U	Z
4	0	7	3	11	13	8	10	12	6	1	5	9	2	14

| 49:7 | 100:10 | 18:6 | | 54:9 | 20:5 | 18:9 | 35:7 | | 56:7 | 24:6 | 63:7 | | 24:8 | 45:9 | | 10:10 | 32:8 | 20:10 | 40:8 |

___ ___ ___   ___ ___ ___ ___   ___ ___ ___   ___ ___   ___ ___ ___ ___ !

Rechne aus und kontrolliere.

❺ 12 : 6 = ☐ **❻** 18 : 3 = ☐ **❼** 35 : 5 = ☐

5 : 5 = ☐   36 : 6 = ☐   27 : 3 = ☐

48 : 8 = ☐   56 : 8 = ☐   48 : 6 = ☐

12 : 3 = ☐   50 : 5 = ☐   72 : 9 = ☐

36 : 9 = ☐   63 : 9 = ☐   72 : 8 = ☐

zu ❺ bis ❼:
So hat die Maus
kontrolliert:

1	/	6	///
2	/	7	///
3		8	
4	//	9	//
5		10	/

❽ Finde das Lösungswort.

A	B	D	E	F	G	H	I	K	L	M	N	S	T	U
8	9	11	6	7	4	13	1	15	2	14	10	12	5	3

| 28:7 | 12:2 | 50:10 | 42:7 | 9:9 | 16:8 | 45:9 | 48:6 | 27:9 | 49:7 | 20:5 | 32:4 | 81:9 | 54:9 | 90:9 |

___ ___ ___ ___ ___ ___ ___ ___ ___ ___ ___ ___ ___ ___ ___

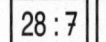

Geteiltaufgaben

❶ 41 : 4 = *10 Rest 1*   ❷ 24 : 2 = _____

41 : 5 = _____   24 : 3 = _____

41 : 6 = _____   24 : 4 = _____

41 : 7 = _____   24 : 5 = _____

41 : 8 = _____   24 : 6 = _____

41 : 9 = _____   24 : 7 = _____

41 : 10 = _____   24 : 8 = _____

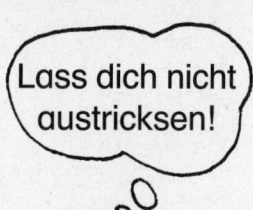
Lass dich nicht austricksen!

❸ Interessante Zahlen

12 : ☐ = 4

20 : 4 = ☐

☐ : 5 = 6

42 : ☐ = 7

56 : 7 = ☐

☐ : 8 = 9

Welche Aufgabe kommt jetzt?

☐ : ☐ = ☐

❹ Was gehört zusammen? Verbinde richtig.

13 : 4		2 R 2
41 : 6		3 R 3
22 : 10		3 R 1
29 : 5		6 R 5
19 : 4		5 R 4

R steht für Rest.

Finde den Fehler. Schreibe richtig:

☐ ☐ = ☐ R ☐

❺ Versteckte Geteiltaufgaben.

15	24	6
5	3	4
56	45	5
7	54	9
8	9	6
49	7	7

Was stimmt?

5 Aufgaben ☐
6 Aufgaben ☐
7 Aufgaben ☐

❻ 3 Zahlen und 4 Aufgaben. Schreibe auf.

(63 7 9) *63 : 7 = 9*, *63 : 9* = ☐, *7 ·* ☐ = ☐, *9 ·* ☐ = ☐

(24 6 4) ☐ : ☐ = ☐, ☐ : ☐ = ☐, ☐ · ☐ = ☐, ☐ · ☐ = ☐

(48 6 8) ☐ : ☐ = ☐, ☐ : ☐ = ☐, ☐ · ☐ = ☐, ☐ · ☐ = ☐

Meine Zahlen und meine Aufgaben.

( ) ☐ : ☐ = ☐, ☐ : ☐ = ☐, ☐ · ☐ = ☐, ☐ · ☐ = ☐

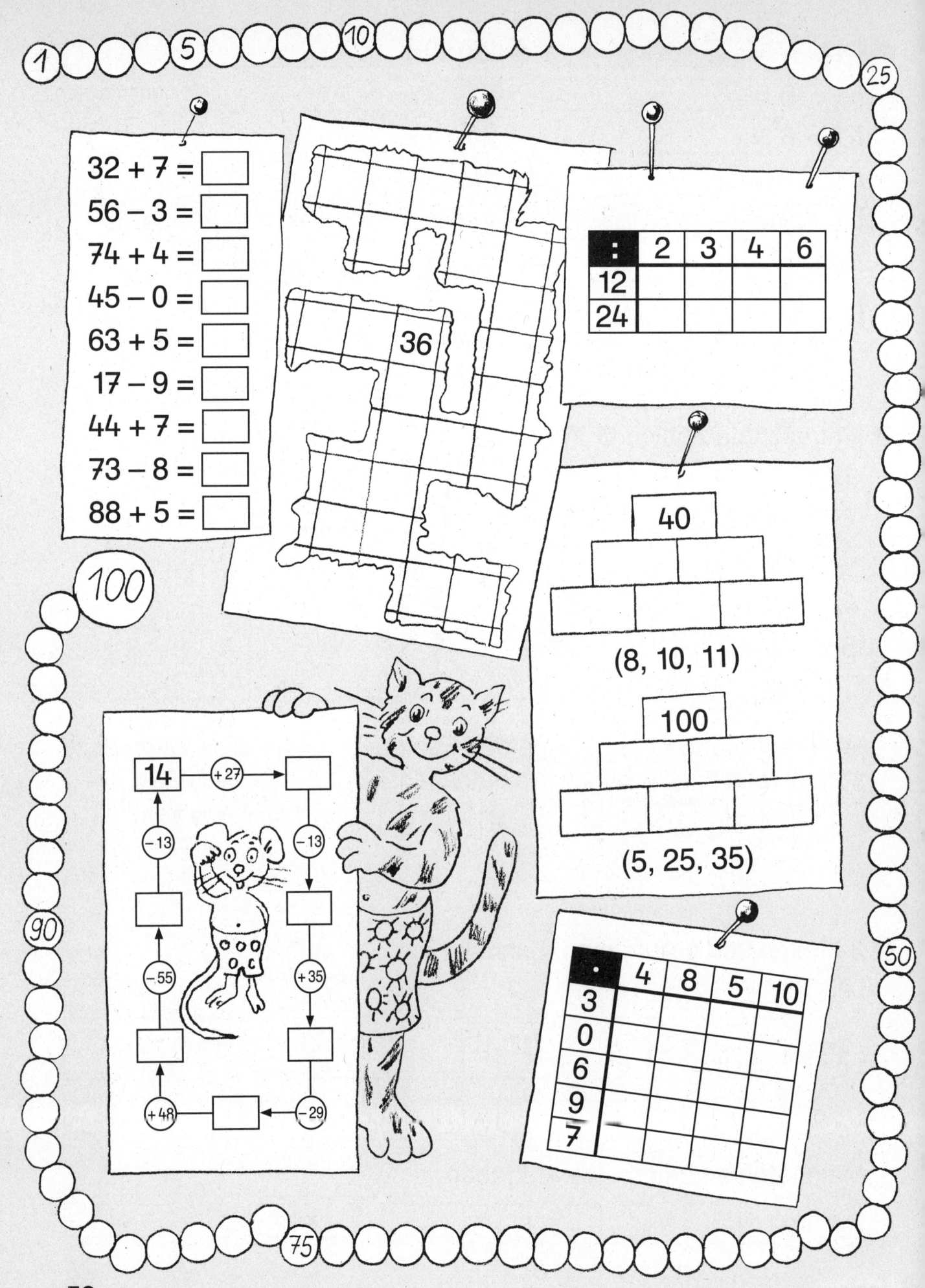

32 + 7 = ☐
56 − 3 = ☐
74 + 4 = ☐
45 − 0 = ☐
63 + 5 = ☐
17 − 9 = ☐
44 + 7 = ☐
73 − 8 = ☐
88 + 5 = ☐

36

:	2	3	4	6
12				
24				

40

(8, 10, 11)

100

(5, 25, 35)

14 → +27 →
−13   −13
         +35
+48   −29

·	4	8	5	10
3				
0				
6				
9				
7				